服装高等教育“十二五”部委级规划教材
服装设计专业系列教材

时装画
实用表现技法

黄　嘉
侯蕴珊　/　编著
杨　露

FASHION DRAWING

中国纺织出版社

内容提要

本书不仅讲解了时装画的人体表现、服装外轮廓及内部构造、服装色彩运用、线条表现等，而且详细展示了各种服装面料、工艺细节、重要配饰的绘制方法和步骤，最后有针对性地介绍了采用马克笔、彩色铅笔、水彩、色粉笔、油画棒等工具绘制时装画的方法和步骤。

本书由浅入深地讲解了时装画绘制的全过程，分阶段、分层次、分种类地呈现了时装画绘制的方法和技巧，案例多样、步骤清晰、实用性强。只要跟着本书一步步地练习，就能切实掌握各种绘制技巧，感受绘画带来的乐趣和成就感。

本书既可作为高等院校服装专业的教学用书，也可作为服装企业人员、服装设计师等专业人士的参考用书。

图书在版编目（CIP）数据

时装画实用表现技法 / 黄嘉，侯蕴珊，杨露编著 .—北京：中国纺织出版社，2017.1（2021.2 重印）

服装高等教育“十二五”部委级规划教材　服装设计专业系列教材

ISBN 978-7-5180-2039-3

Ⅰ. ①时…　Ⅱ. ①黄… ②侯… ③杨…　Ⅲ. ①时装—绘画技法—高等学校—教材　Ⅳ. ① TS941.28

中国版本图书馆 CIP 数据核字（2015）第 236335 号

策划编辑：李春奕　　责任编辑：陈静杰　　责任校对：余静雯
责任设计：何　建　　责任印制：王艳丽

中国纺织出版社出版发行
地址：北京市朝阳区百子湾东里 A407 号楼　邮政编码：100124
销售电话：010—67004422　传真：010—87155801
http：//www.c-textilep.com
E-mail：faxing@c-textilep.com
中国纺织出版社天猫旗舰店
官方微博 http：//weibo.com/2119887771
北京华联印刷有限公司印刷　各地新华书店经销
2017 年 1 月第 1 版　2021 年 2 月第 3 次印刷
开本：889 × 1194　1/16　印张：8.5
字数：83 千字　定价：49.80 元

服装设计专业系列教材

EDITORAL BOARD

编 委

时装画　作者：侯蕴珊

PREFACE 前言

时装画是衍生于服装设计的画种，它以服装为载体，以绘画作为基本手段，是通过艺术处理体现服装设计的造型和整体氛围的艺术表现形式。时装画约有500年的历史，它是设计师对构想出来的服装样式第一阶段的表现，包括时装插画、服装效果图、服装设计草图、服装款式图、服装资料图等几个不同层面的概念。时装画是服装设计学习过程中不可缺少的一门课程。设计者将所要展示或推出的服饰，根据实际需要，用绘画的方式表现服饰的线条、造型、色彩、图案、光影及着装状态等。

为了较好地引导服装设计专业的学生和服装设计爱好者由浅入深地进行学习，本书就如何有效表现作品的各项技巧做了充分展示，其中包括时装画人体表现、服装的外轮廓及内部构造，分析色彩在时装画表现中的美感及应用，详细展示了手绘时装画从基础表现到各种织物、工艺细节、服装配饰的绘画步骤和表现技巧，总结了时装画不同工具的表现方式。本书提供了学习者所必备的大量基础知识，包含了丰富的案例研究、范例、实践练习步骤与绘画提示，鼓励学习者通过尝试不同的绘画材料和新的媒介寻找创作灵感，突破自己。

本书主要由黄嘉（四川美术学院）、侯蕴珊（重庆邮电大学）编写，杨露、欧阳宇辰、向书沁、周冰倩、郑喆成参与编写。黄嘉统稿。侯蕴珊负责版式设计，插图案例由侯蕴珊、胡霜叶、孙蕾、周冰倩、郑喆成绘制。此外，书中选取了近年来四川美术学院服装艺术设计专业的学生的优秀习作，在此向提供作品的同学表示感谢。对于本书存在的不足之处，恳请读者批评指正。

编著者

2016年6月

目 录

CONTENTS

第 1 章

时装画人体与着装基础 / 9

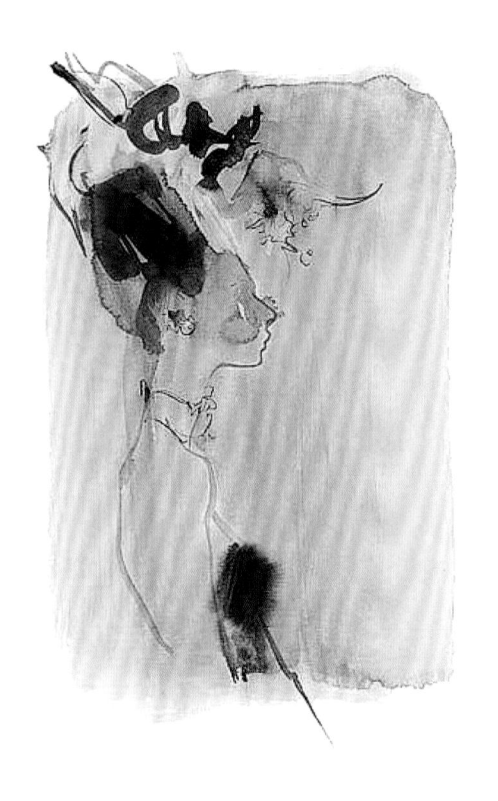

第 2 章

时装画着色基础 / 47

第3章

时装画手绘表现技法 / 67

第4章

时装画不同工具表现技法 / 115

时装画　作者：侯蕴珊

第1章

时装画人体与着装基础

课程名称： 时装画人体与着装基础

课题内容： 时装画常用人体比例

人体各部位结构

人体动态

服装和人体的关系

服装的局部造型

衣纹与衣褶的表现

课题时间： 12 课时

教学目的： 人体作为贯穿整个时装画绘画过程的主体，是时装画学习的重要基础。因此，需要掌握人体结构和着装技巧，在此基础之上进行变形与夸张的艺术加工，准确表达创作意图。

教学方式： 教师讲授示范与学生实践相结合。

教学要求： 1. 准确掌握人体结构及时装画人体比例、动态。

2. 了解服装与人体之间的关系，掌握服装各局部的造型和衣纹与衣褶的画法。

课前准备： 时装画人体相关知识。

第一节 人体绘画

时装画是以绘画为手段，通过艺术处理体现服装设计的造型和人体穿着效果的一种艺术形式。绘画者首先具备表现人体的能力。人体作为贯穿整个绘画过程的主体，是时装画中非常重要的因素，学会画人体是画好时装画的第一步。在这一章中，我们要了解人体结构和人体比例关系。无论是人体比例正常的商业时装画，还是变形夸张的创意时装画，都要遵循人体结构和人体比例关系。时装画中的人体较绘画中的人体要简略一些，人体的动态有一定的程式化特征（图 1-1）。

一、人体基本结构与时装画常用人体比例

（一）人体基本结构

人体由头部、躯干、四肢三大部分组成。人体表面覆盖着皮肤，皮肤下面有肌肉、脂肪和骨骼。骨骼结构是人体构造的关键，在外形上决定着人的身高、体型的大小以及各肢体的生长形状与比例。人体共有 206 块骨骼。骨骼与骨骼之间通过关节连接，描绘人体时，在人体实际弯曲的部位应注意关节结构，可以用关节部位定位，使所画的人体形态与比例更加准确。骨架上附着不同形状的肌肉，呈现出人体的外部形态（图 1-2）。此外，皮下脂肪的厚度也在一定程度上影响了人体的外部形态，造成体型差异。

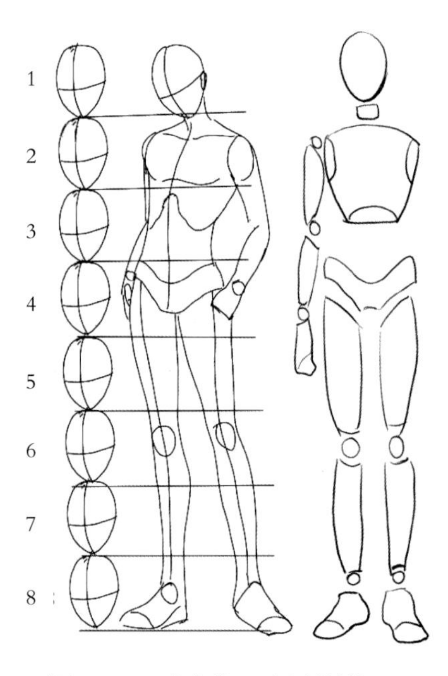

▲图 1-1 正常人体正面比例结构

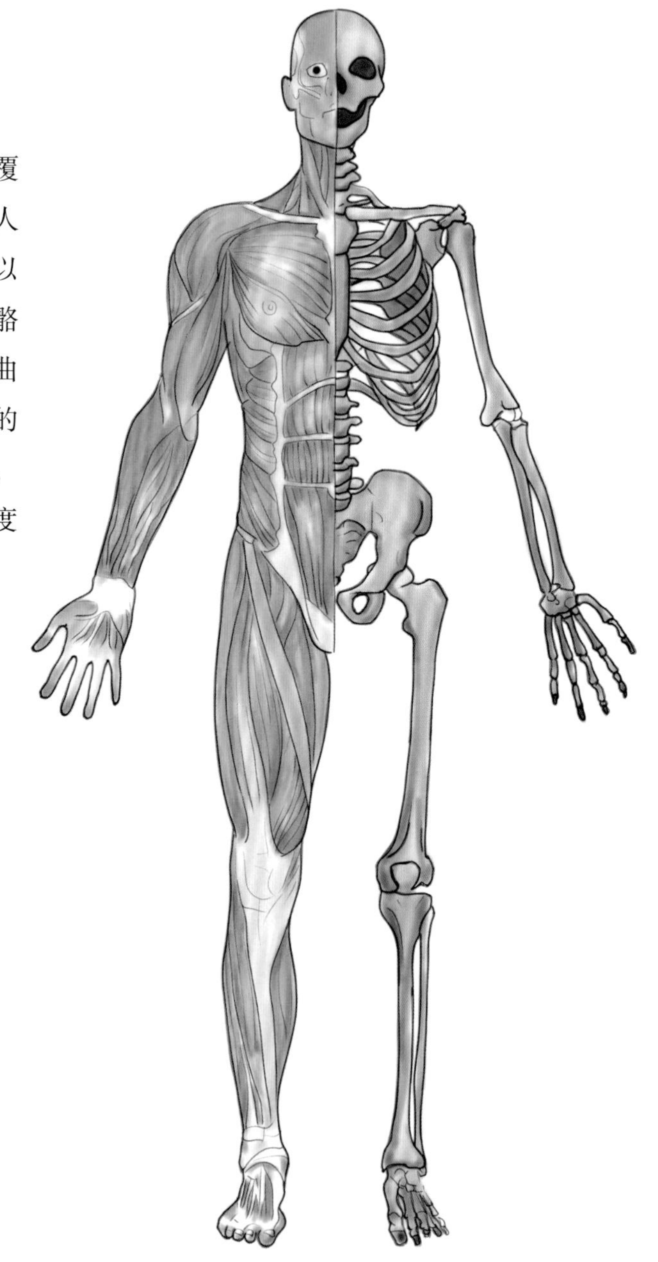
▲图 1-2 人体骨骼肌肉

（二）时装画常用人体比例

时装画的人体比例通常被夸大和风格化，它代表了理想化的结构，而非实际的人体形态。在这里，以头部长度作为确定人体比例的基准，为了让人体看起来更加修长，我们在绘制时装画时，普遍将站姿的时装人体夸张到九个头的高度甚至更高，这是由时装画的功能决定的，比例拉长的人体能更好地展示服装，呈现良好的视觉效果（图 1–3）。

服装画中，男性和女性的人体比例和表现手法也不尽相同。女性通常以拉长腿和脖颈比例来体现身体的纤长柔美，而男性则要强调肌肉线条体现身体的健美。从正面看，女性肩部为两头宽即可，胯部与肩部同宽；男性的肩部比女性略宽一些，而胯部略窄一些。人体上肢自然垂于体侧时中指指尖约在大腿二分之一处，上臂约一个头长，前臂约一个头长，手大约有从头部发际线位置到下巴的长度，脚的长度约一个头长（图 1–4 ~ 图 1–7）。

1
2
3
4
5
6
7
8
9

▲ 图 1–3　九头高人体侧面比例

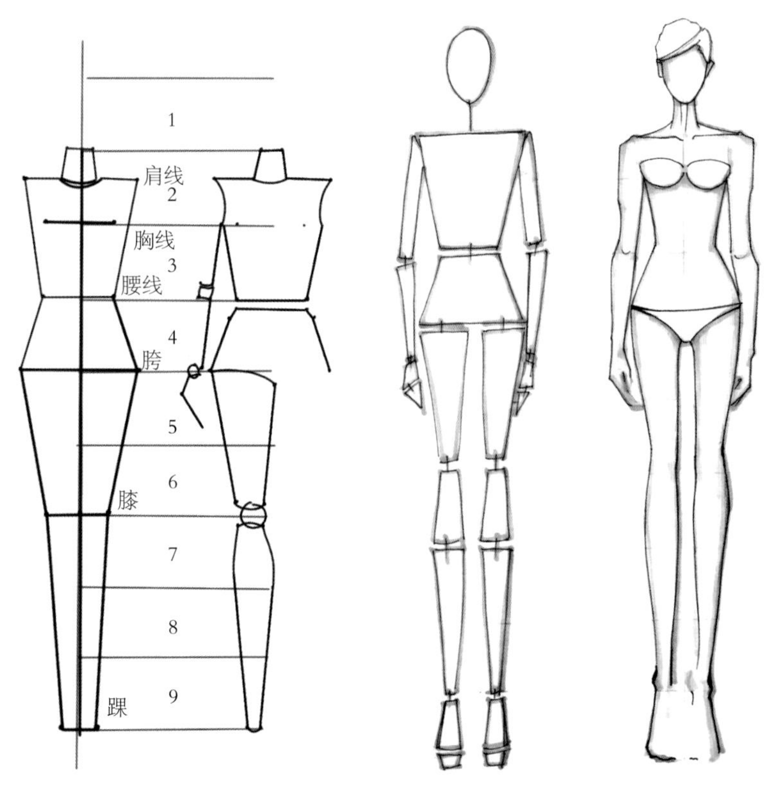

▲ 图 1–4　九头高人体正面比例

▲ 图 1–5　几何图形概括的人体

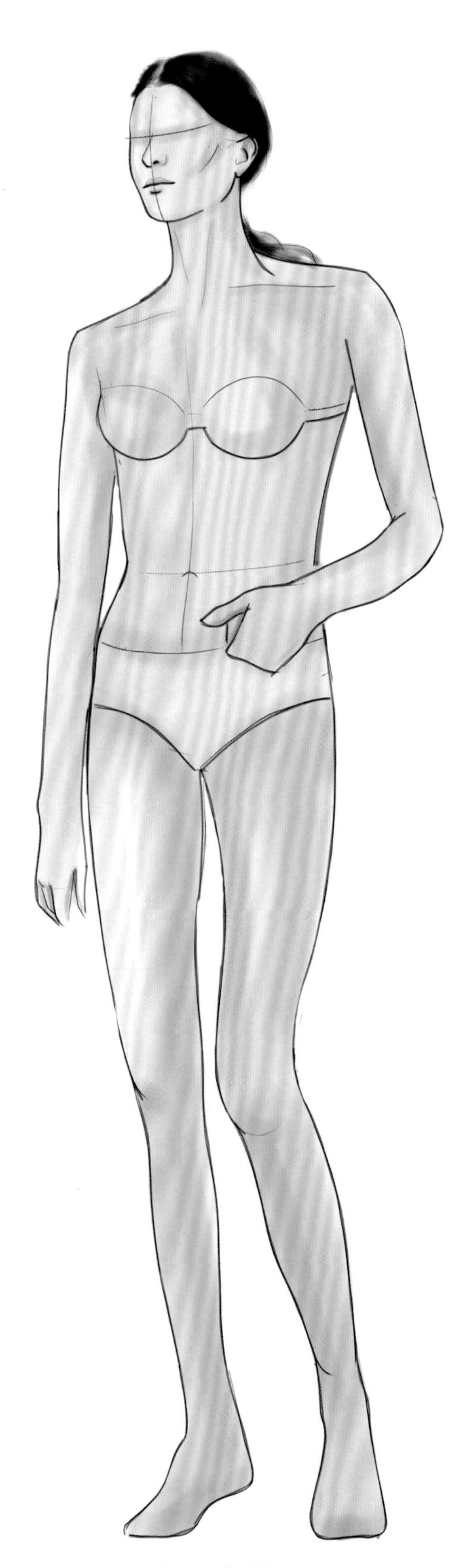

▲图 1–6　九头身人体模板

▲图 1–7　九头身人体模板着装效果　作者：侯蕴珊

二、人体各部位结构

（一）头部的表现

如何画出准确的模特人体结构是时装画的重点，而如何能为模特画出一张漂亮的面孔则是难点所在。面部形态能反映人的外在特征和内心变化，在写实绘画中，人物肖像的创作较难掌握，需要长时间的写实训练，而在时装画中，与整个人体姿态相比较，面部的刻画处于表现的次要位置。本节将讲授人体头部的基本表现方法，绘画者可以在此基础上进行进一步的创作（图 1–8）。

图 1–8 素描时装画
作者：保莱·阿克苏（Bora Aksu）

1. 五官的比例

在面部绘画的学习中，我们首先要掌握五官在面部所呈现的“三庭五眼”的比例和整体透视的基本法则。“三庭”是指在面部的长度上，从前额的发际线到眉头线、从眉头线到鼻底线、从鼻底线到下颌线这三个部分的比例，标准的脸型三庭长度基本是相等的。

“五眼”是指人体面部正面观察时，面部宽度相当于五只眼睛的长度。在时装画中，我们往往会夸张眼部的长度和宽度，略微拉大两眼之间的距离，使眼睛看起来更大更富于表情，这样处理会使整个面部看起来更加有魅力（图 1–9、图 1–10）。

从不同的角度观察头部时，五官的位置和透视关系都会随之发生变化。把握头部角度与透视的关键在于找准面部中心线和五官位置线。在绘制不同角度与透视时，要遵循近大远小的基本原则，不能把五官看作平面的形状，而应该当成镶嵌在面部上的独立个体，存在自身的透视关系（图 1–11 ~ 图 1–13）。

▲ 图 1–9 面部三庭比例

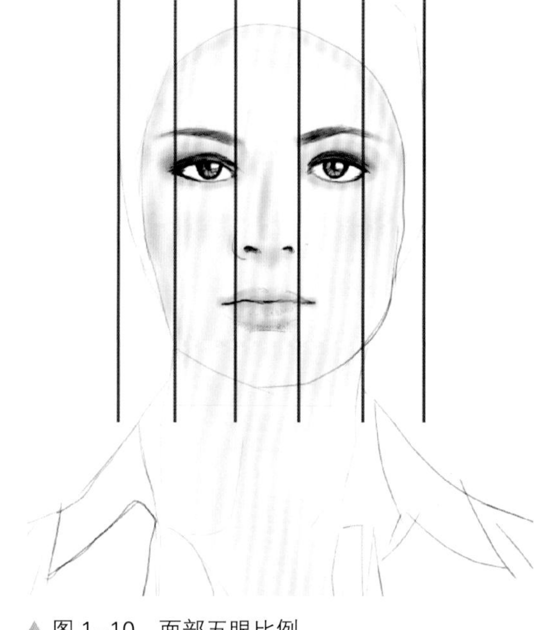

▲ 图 1–10 面部五眼比例

▲ 图 1–11 不同角度头部透视变化

▲ 图 1-12 侧面五官的表现

▲ 图 1-13 面部五官的表现 作者：周冰倩

2. 眼睛和眉毛的表现

眼睛和眉毛是面部五官中色彩对比最强烈、变化最丰富、最能反映人精神面貌的部分，也是五官中需要重点刻画的部分。

眼睛由眼眶、眼睑、眼球三部分组成。绘画时应时刻记住眼睛是球状的，当眼睛睁开时，注意上下眼睑和内外眼角构成的形状，正面为菱形，侧面为三角形。内眼角上下眼睑相连接，略微向下垂，外眼角则是上眼睑覆盖下眼睑，略微向上翘。一般情况下，眼睛的外眼角高于内眼角。上眼睑覆盖一小部分眼球，眼球上三分之一处画眼睑和睫毛的投影。我们可以在绘画时适当放大眼珠，增加视觉效果。最后，在眼睑外侧适当添加睫毛（图 1–14、图 1–15）。

俗话说眼睛是心灵的窗户，眉毛不仅有保护这扇窗户的作用，同时也有美化窗户的作用。古人更是将“蛾眉”用作绝代佳人的代称。眉毛的形状不仅能反映一个人的特征，也能反映出一个时代审美情趣。眉毛起笔在内眼角上方，眉头稍呈圆形，方向朝上，曲线逐渐高起形成眉峰，眉梢细小向下，形成弯曲。同时应把握住眉毛与眼睛之间的宽度（图 1–16、图 1–17）。

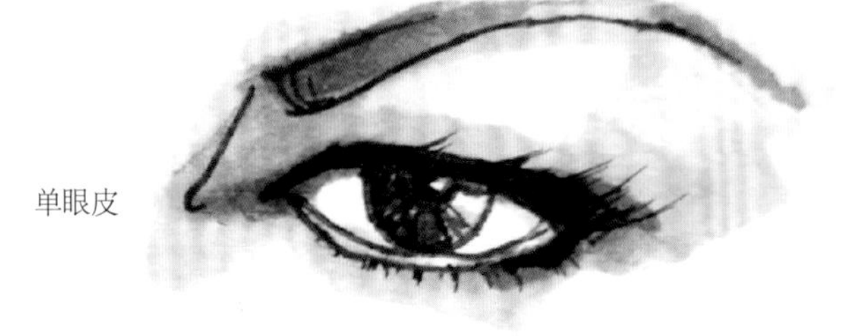

▲ 图 1–14　双眼皮和单眼皮眼睛的画法

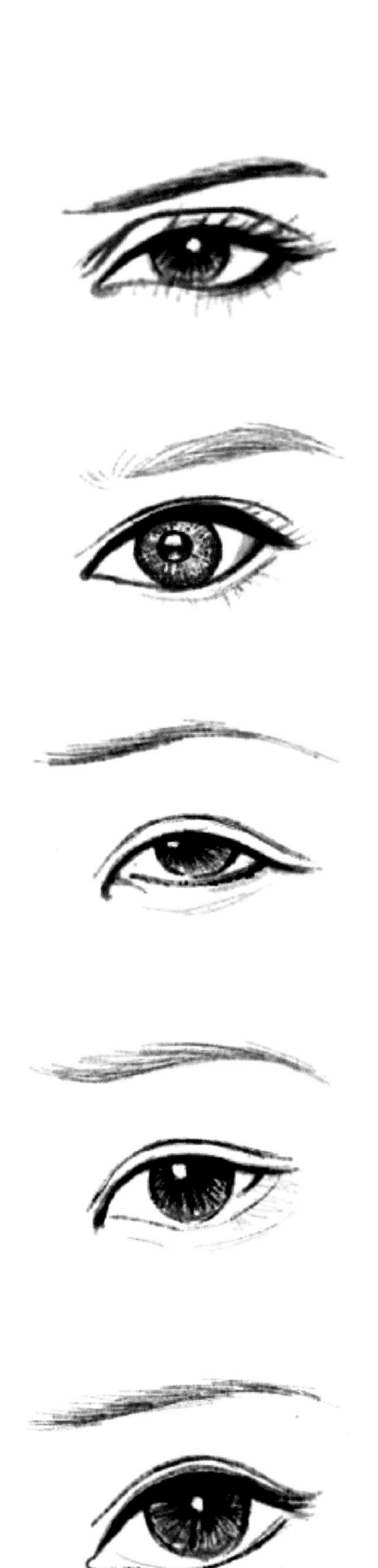

▲ 图 1–15　各种眼型的画法

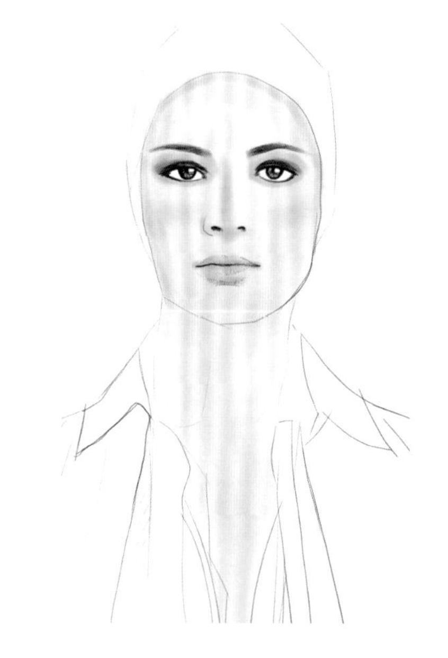

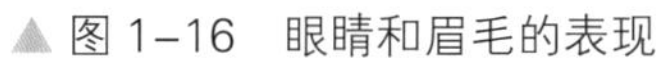
▲ 图 1–16 眼睛和眉毛的表现

▲ 图 1–17 时装画头像 作者：侯蕴珊

3. 鼻子和耳朵的表现

在写实绘画中，鼻子的形状可以想象为楔子的形状，但在时装画中，往往简略带过，只要把握住鼻子的大小，在相应位置简单画出鼻底、鼻孔即可（图 1–18、图 1–19）。

▲ 图 1–18　鼻子的表现

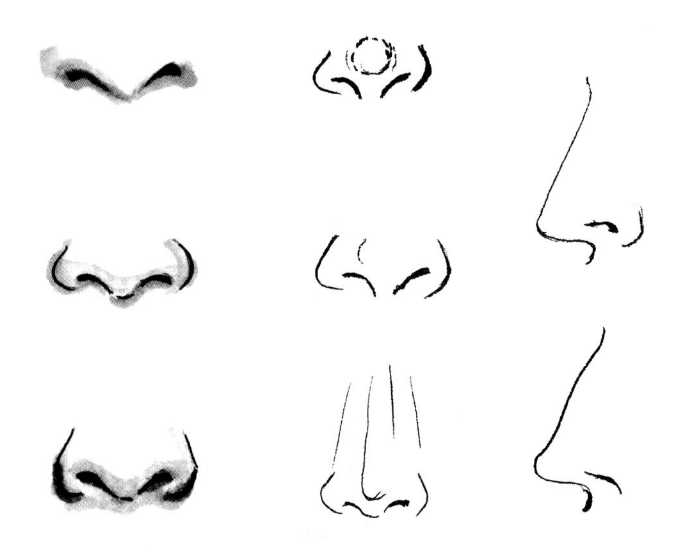

▶ 图 1–19　各种鼻子的画法

耳朵位于眼睛后面，正面观察耳朵位置在眉线和鼻底线之间。耳朵本身结构复杂，但在时装画中也不作为刻画的重点，可以简化或者省略。确定好它的位置、大小，一般画出耳廓、耳窝、耳页即可，也可以简略处理（图 1–20、图 1–21）。

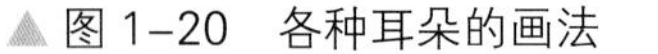

▲ 图 1–20　各种耳朵的画法

▲ 图 1–21　耳朵的表现

4. 嘴的表现

嘴唇有丰富的形态，在画嘴唇时要注意，上下唇之间的线条要加深处理且有明暗虚实变化，嘴角要稍微上翘。一般上唇比下唇略长，稍微向前突出，下唇比上唇厚，以体现嘴唇的立体感。嘴唇的长度一般是眼睛两个瞳孔之间距离的长度（图 1–22、图 1–23）。

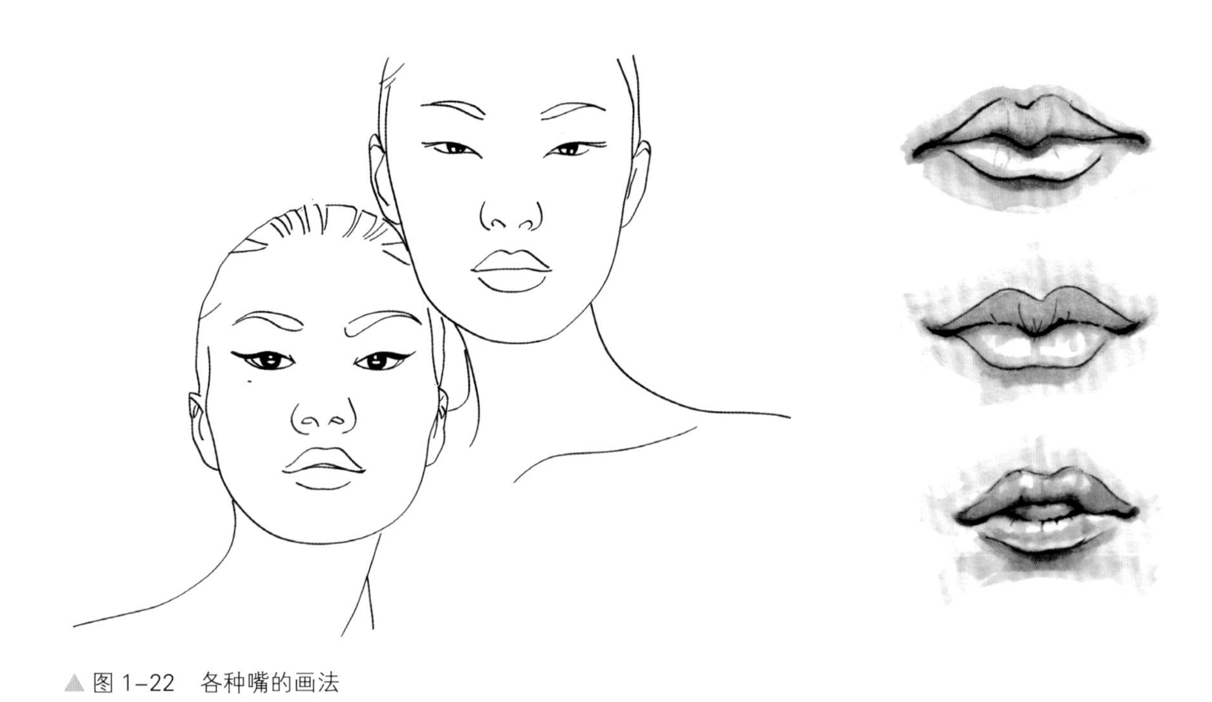

▲图 1–22 各种嘴的画法

▲图 1–23 嘴的表现

5. 发型的表现

头发是人种分类的传统根据之一，发型是整个人物形象中一个重要的部分。在时装画中，绘制发型时要注意根据头部的透视把握发际线的位置和头发蓬松程度。首先，可以将头部看成一个整体，先勾画出头和头发的整体外轮廓，然后根据发型特征进行分组，深入塑造不同区域头发的质感。根据服装和穿着场合设计配合发型，两者相得益彰，使整个人物形象更加得体（图 1-24 ~ 图 1-30）。

▲ 图 1-24 发型照片

▲ 图 1-25 根据照片绘制发型背面的步骤

▲图 1-26 根据照片绘制发型正面的步骤

步骤 1：用铅笔起稿，画出头和头发的大致轮廓。根据发型，以发旋为起点按照头发的走向分组。

步骤 2：用铅笔进一步刻画，用素描的手法表现出发股的明暗关系和体积感。

步骤 3：观察头发的固有色，依据头发的分组上色，注意留出头发的高光。

步骤 4：在固有色的基础上加深发根处和转折处，增强头发质感。

▲图1–28 发型的表现步骤

▲图1–27 各种发型的画法

▲图1–29 发型的表现

▲图1–30 人物发型的表现 作者：侯蕴珊

6. 人物头像的表现

与写实人物头像相比，时装画人物头像的绘制更容易掌握。只要掌握一定的脸型和五官的画法，遵循三庭五眼的比例，就可以尽情塑造人物形象了。

绘画前，先要分析模特的脸型和五官特征，注意头颈肩的关系和发型特征，为绘画做好准备。在进行快速表现时，要对头像进行提炼，适当简化，甚至可以用一些辅助线来代替五官，可以尝试对脸型、头发等进行符号化的概括，从而形成自己的表现风格（图 1–31）。

▲ 图 1–31　人物头像的表现步骤　作者：侯蕴珊

步骤 1：用铅笔起稿，按照人面部比例结构安排五官的位置，画出五官的结构。

步骤 2：用浅淡的皮肤色大面积平涂上色，然后用深一个色度的颜色画出面部的结构和阴影，增强立体感。深入刻画五官，尤其是眼睛，加深眼线和眼球的颜色，注意留出高光。鼻子和嘴部加深阴影适当刻画即可。

步骤 3：将这一步的绘画想象为化妆的步骤，画出眼睫毛和腮红，加深嘴部阴影，增强面部的体积感和美感。最后，分层次对头发进行渲染上色。

步骤 4：完善头像细节，并描绘人物其他部位。

1	2	4
3		

（二）手和脚的表现

手和脚在整个人体姿态中起到了重要的衬托作用，不可或缺。在时装画中，手和脚不需要深入刻画，表现出姿态和结构即可。

1. 手和手臂的表现

人的手的长度和脸的长度相等，手指和手掌的长度基本相等。女性的手在绘制时应注意适度夸张，尽量长、细，表现其纤细和优雅的特点。男性的手比女性方硬，手指较粗，应表现强壮和坚硬的特点。绘制手部时，可以将手掌想象成一个方盒子，拇指从旁边伸出，其他四指看作一个整体，画出手的基本形状。

手和手臂作为人的上肢，是一个整体。手臂由肩峰、上臂和前臂构成，手的姿势要与手臂相协调。女性手臂较为圆润，线条平缓，男性手臂较为方硬，起伏感强。时装画中手臂状态大致分为自然下垂和弯曲两种。在绘画时要注意各部分的比例、透视以及肘关节和腕关节的转折（图 1–32 ~图 1–35）。

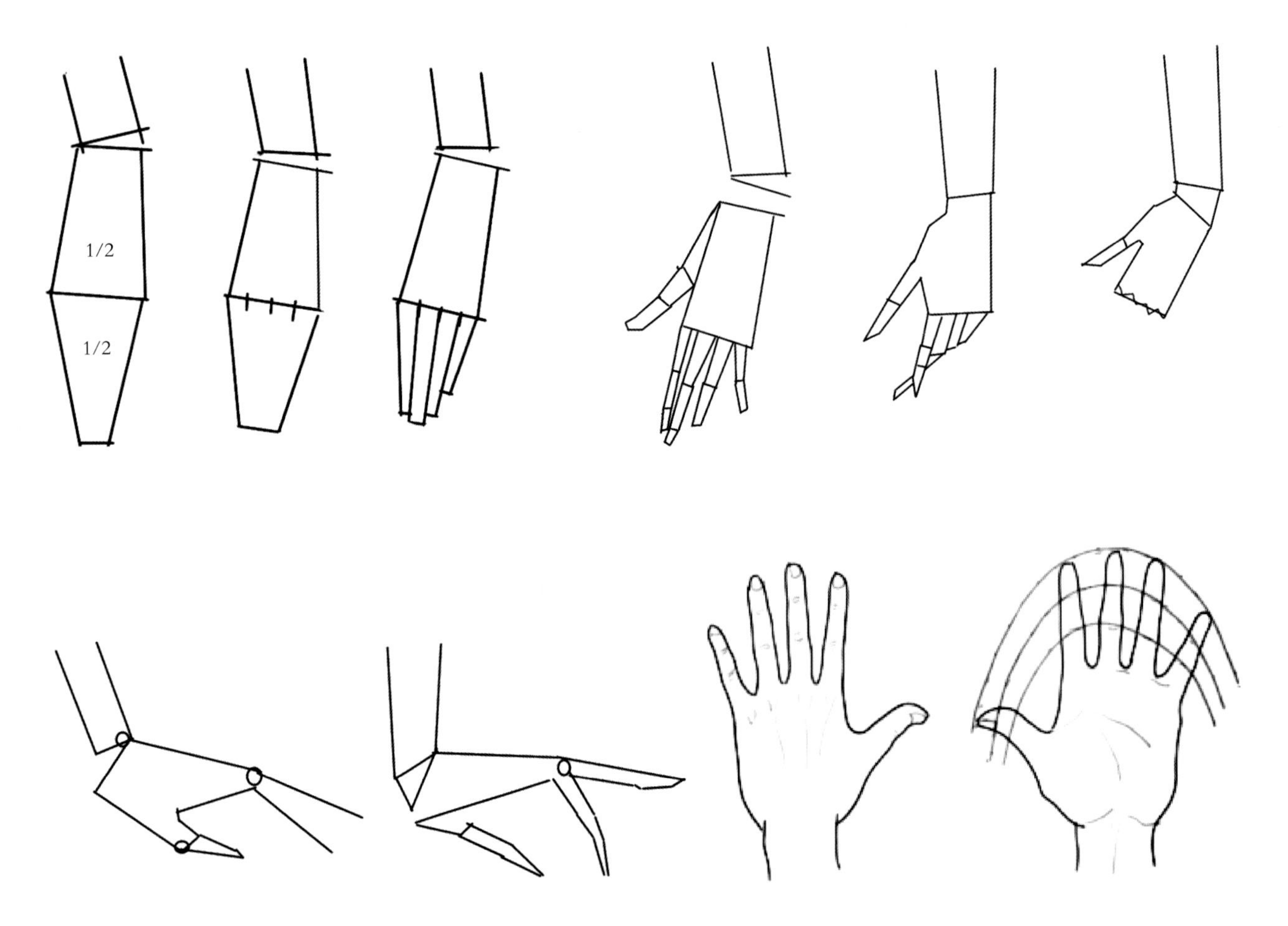

▲图 1–32　各种手的画法

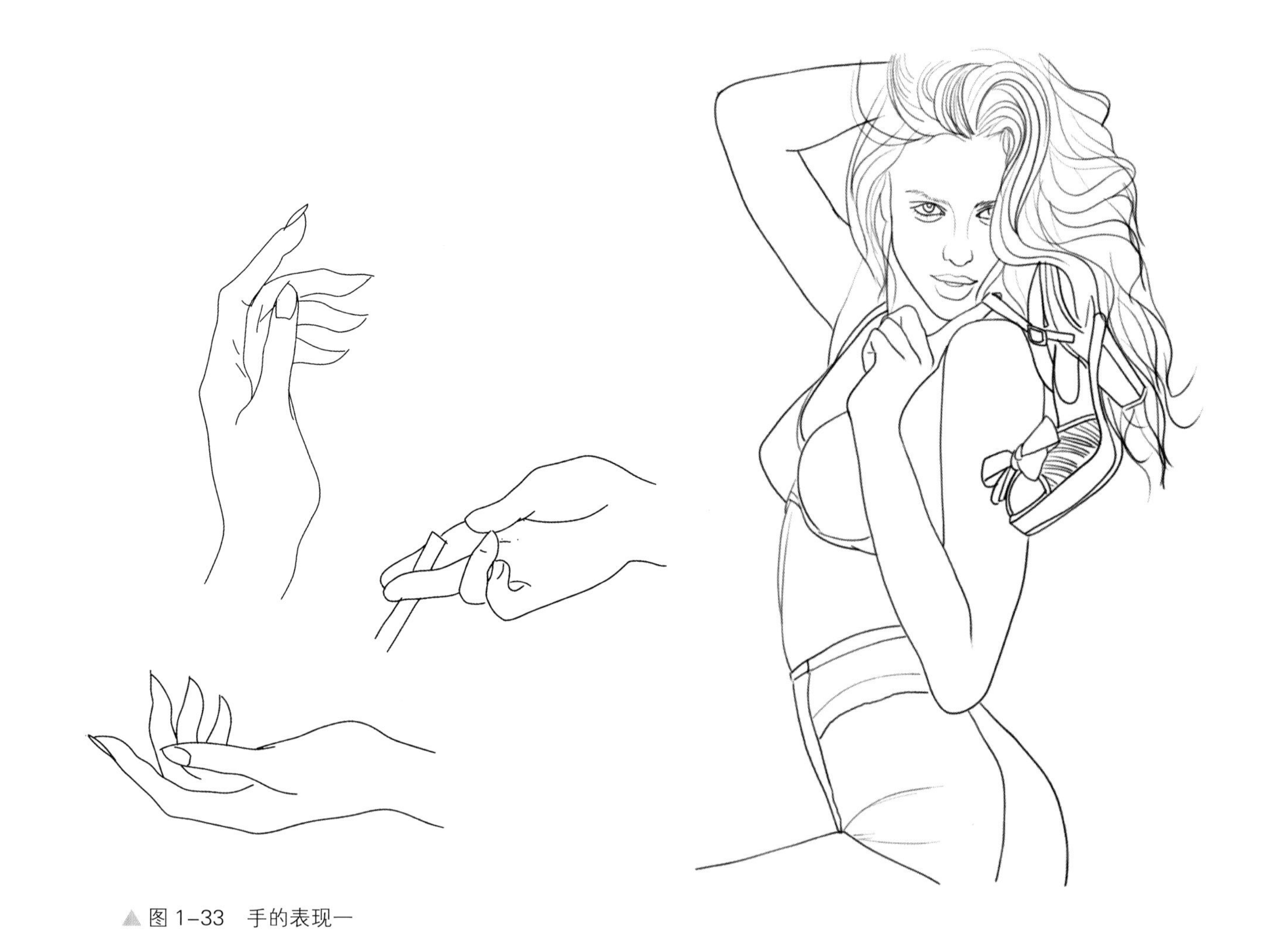

▲图 1–33 手的表现一

▲图 1–34 手的表现二

▲图 1-35　手和手臂的表现步骤

1 | 3
2 |

步骤 1：用铅笔起稿，按照人体比例和动态画出手和手臂的位置和结构。

步骤 2：画出关节转折和指甲等细节，并画出明暗、转折的素描关系。

步骤 3：用浅淡的皮肤色大面积平涂上色，然后用深一个色度的颜色画出手和手臂转折面和关节部的结构和阴影，增强立体感。

▲图 1–36 鞋的表现

2. 脚和鞋的表现

脚的画法与手类似，画脚时应注意适度的夸张，手和脚画的过小会使模特有种缩手缩脚、小家子气的感觉。脚趾和手指一样要画的纤细、修长。可以先画出脚的基本形状和大致结构，再画出踝骨、脚跟以及脚趾等部位。如果是侧面还需要画出脚弓和脚趾。

脚的透视关系与鞋的款式有很大关系。鞋跟的高低，模特站立或行走的状态都使脚形成不同的角度和透视。画出脚的大致形状和透视关系后，再将鞋的结构画在上面，这样更容易使鞋真正的“穿”在脚上（图 1–36 ~ 图 1–41）。

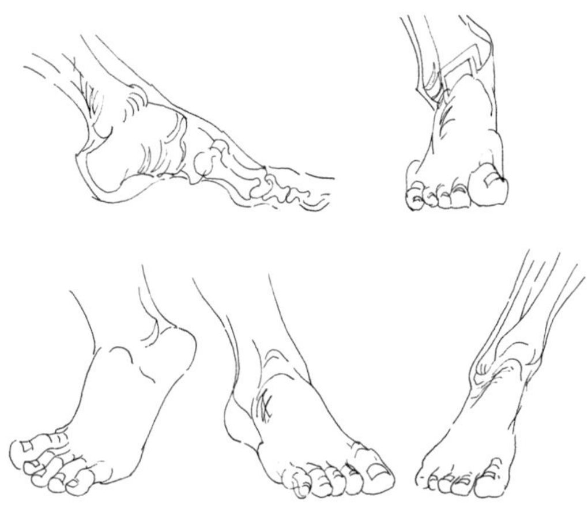

▲图 1–37 脚部结构

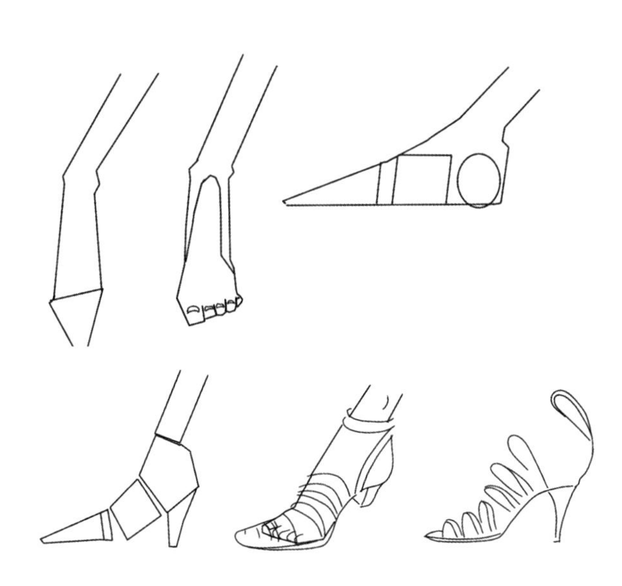

▲图 1–38 脚和鞋的表现一

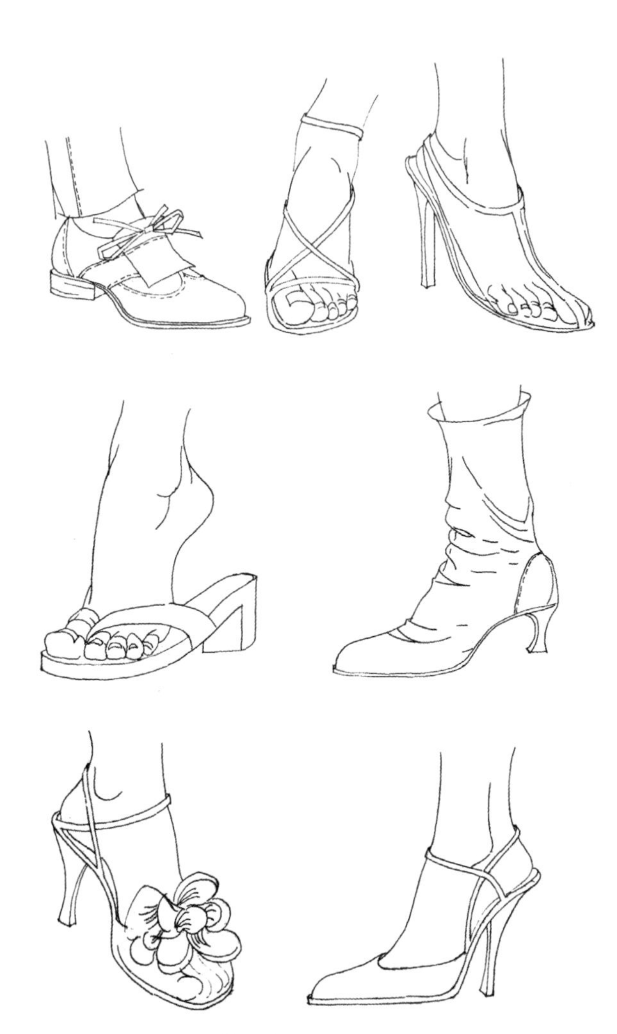

▲图 1–39 脚和鞋的表现二

▲图 1-40　脚和鞋的表现步骤

步骤 1：用铅笔起稿，按照人体比例和动态画出腿和脚的位置和结构。在此基础上画出鞋的款式。

步骤 2：用浅淡的皮肤色大面积平涂上色，然后用深一个色度的颜色画出脚转折面和关节的结构和阴影，增强立体感。

步骤 3：画出鞋的款式和颜色，加深阴影，提亮高光。

步骤 4：勾线。

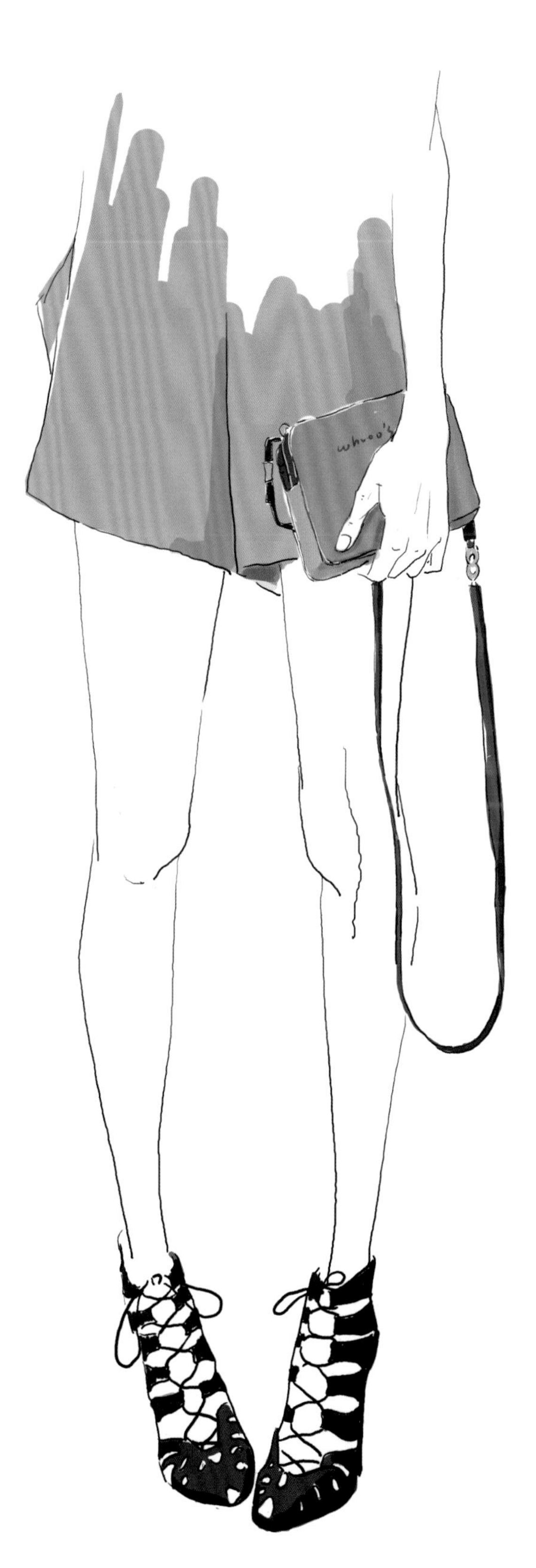

▲图 1-41 不同款式鞋的表现 作者：胡霜叶

三、人体动态

在时装画中，特别是服装效果图中，模特大多采用正面站立的形象。这种姿态能充分展示服装的信息给观众。时装画的人体姿态具有一定的模式，不需要很夸张和很复杂的动作。

想要准确表达人体姿态，要掌握人体重心平衡和肩线、腰线、盆骨底线的运动规律。人体躯干分为胸腔和盆腔两个重要的体块，人体处于直立状态时，肩线、腰线、盆骨底线平行。反之，人体动作越大，肩线和腰线的交错就越大。此外，女性和男性的躯干有明显差异，女性躯干最宽的地方在盆骨处，男性躯干最宽的地方是肩部。男性的骨骼界标也比女性更加明显（图1-42～图1-45）。

▲ 图1-42 人体动态变化

▲ 图1-43 人体动态表现

▲ 图1-44 时装画人体动态

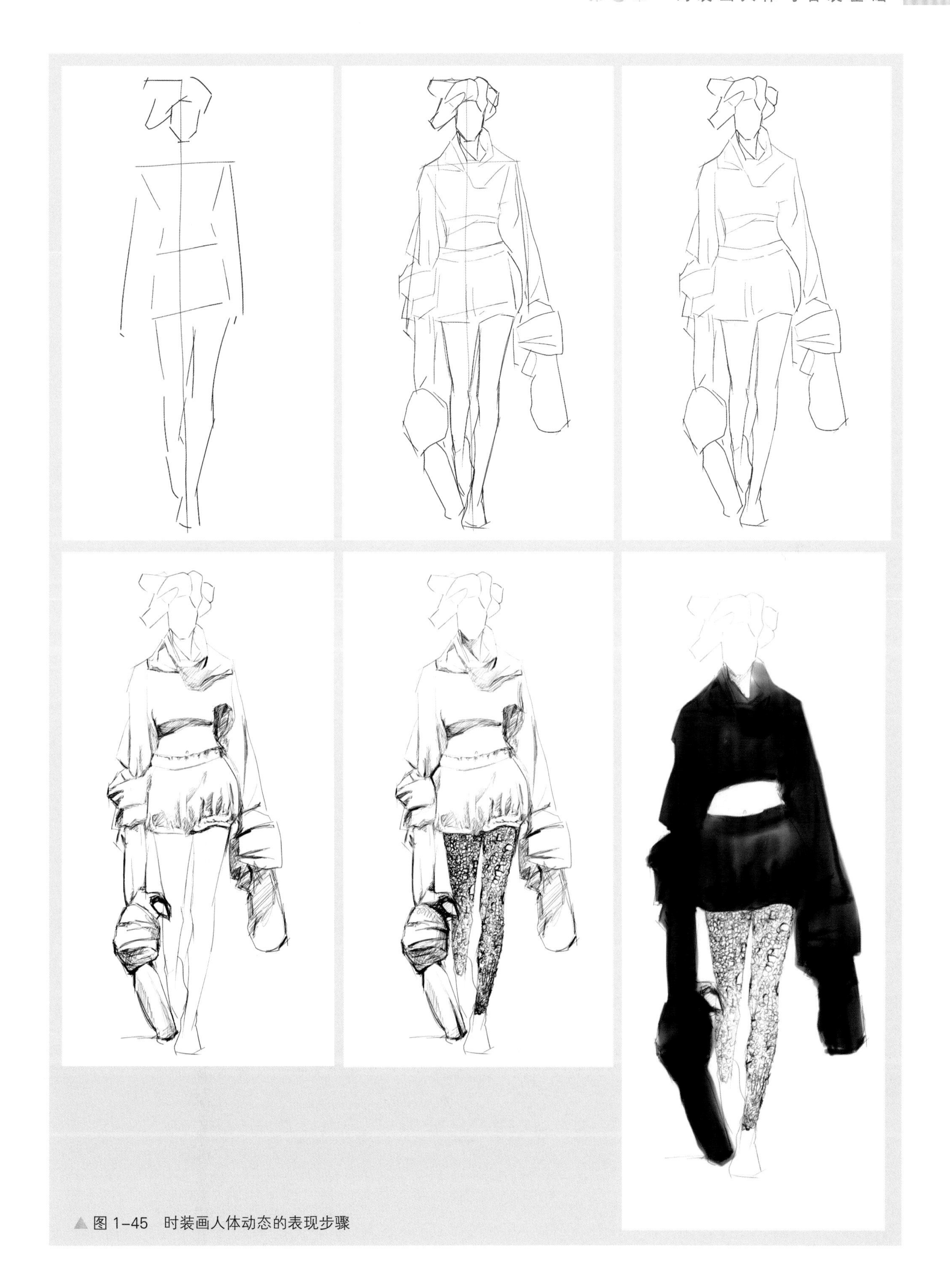

▲图 1-45 时装画人体动态的表现步骤

第二节 人体与着装

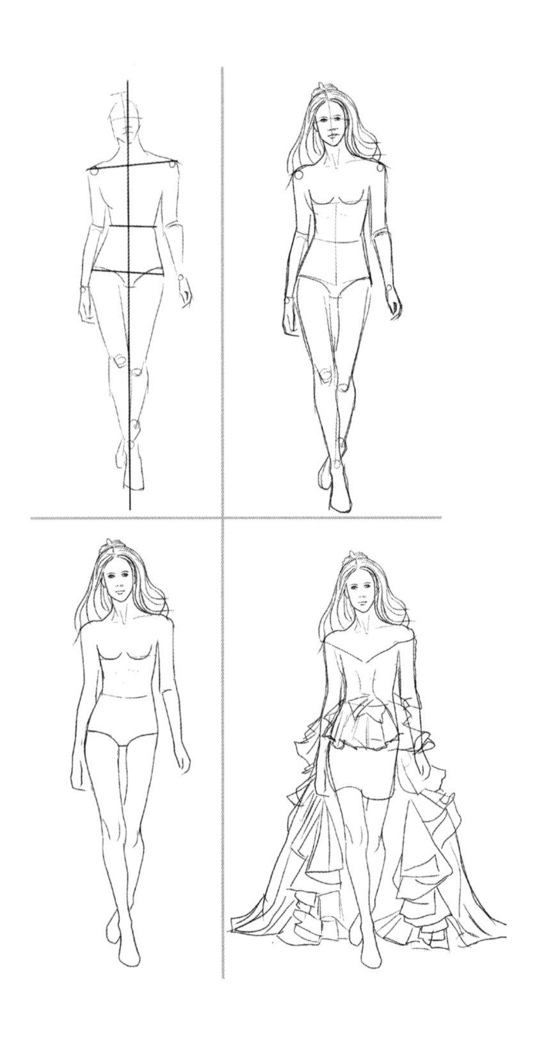

▲图 1–46 人体着装的表现步骤

一、服装和人体的关系

为了使服装在人体上看起来更合理自然，我们需要研究服装和人体的关系。由于服装款式不同，面料不同，在人体上所反映出来的状态就截然不同。在绘画时我们要把握人体与服装之间的空间，例如，垫肩、衬裙等所形成的空间，人体不同姿态使服装发生变化所形成的空间。根据这些空间的不同，大致可以将服装和人体的关系分为合体型和宽松型两大类。

人体肩、胸、腰、臀的起伏变化会使服装在人体上的廓型也形态各异。服装廓型的特征直接决定了服装的造型风格。根据这些廓型的剪影一般大致可分为：H 型、A 型、T 型、Y 型、O 型、X 型等。利用这样的分类方式创作时装画，可以达到明确简练的效果，减少不必要的外形扭曲，这也是服装设计中常用的方法（图 1–46、图 1–47）。

▲图 1–47 人体与服装廓型

二、服装的局部造型

服装的局部造型是指服装各部件的造型，包括衣领、衣袖、衣袋、门襟等服装局部的塑造。局部造型是表现的基础，与时装画整体效果的成功与否有密切关系。在表现局部造型的时候，最好先对服装局部的结构有一定的了解，这样画起来才能得心应手。

（一）上装

1. 衣领

衣领是服装的视觉中心，在服装中占有重要地位。衣领得体的绘画可以表现出模特的风度和气质，有无领、装领和连身领三种。衣领的构成元素包括领圈、领座、翻折线、领面、领尖等，各元素不同的大小、高低、形状构成了不同的款式（图1-48、图1-49）。

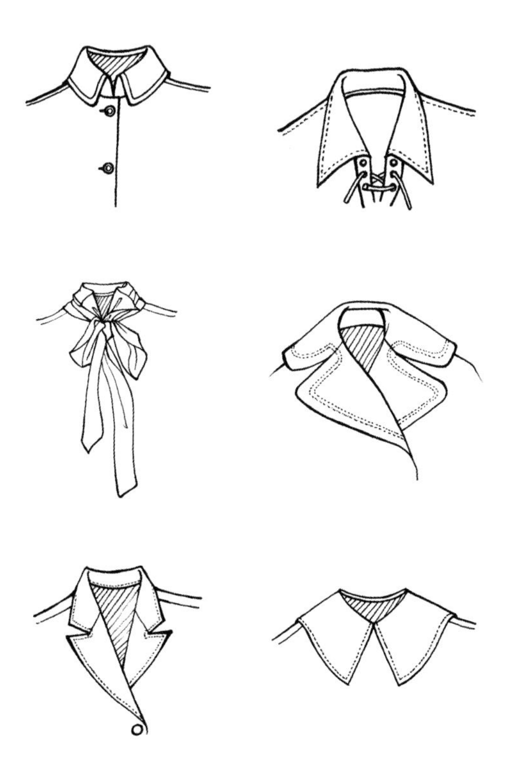

▲图1-48　各种衣领的画法

▲图1-49　服装衣领的表现　作者：郑喆成

2. 肩与袖

肩与袖的造型千姿百态，款式多种多样。按照外形可分为无袖、连袖、装袖、插肩袖；按照袖长可分为长袖、中袖、短袖、盖袖等。衣袖的造型要符合手臂的弯曲，而且还要注意服装的平衡和对称，在画图的时候要表现出肩与袖随着人体动态变化产生的变形和褶皱（图 1–50、图 1–51）。

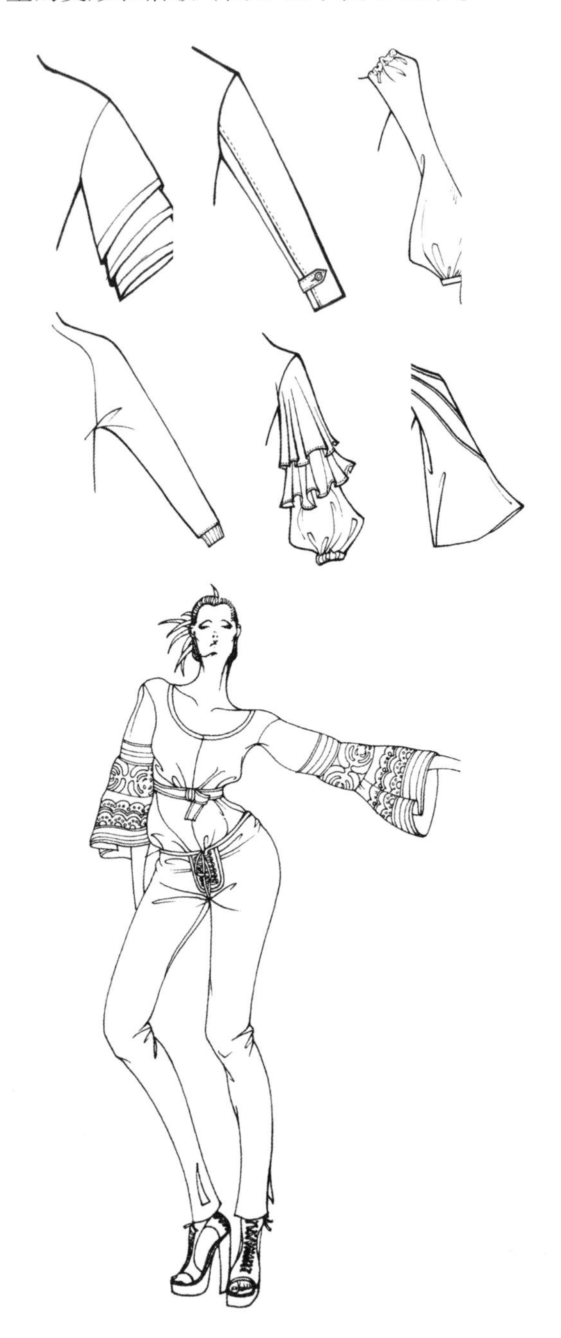

▲图 1–50　各种肩与袖的画法

▲图 1–51　肩与袖的表现　作者：郑喆成

3. 衣袋

衣袋又叫口袋或者衣兜，可分为贴袋、挖袋、插袋、假袋等，在画衣袋的时候要注意衣袋的比例和所在位置（图 1–52、图 1–53）。

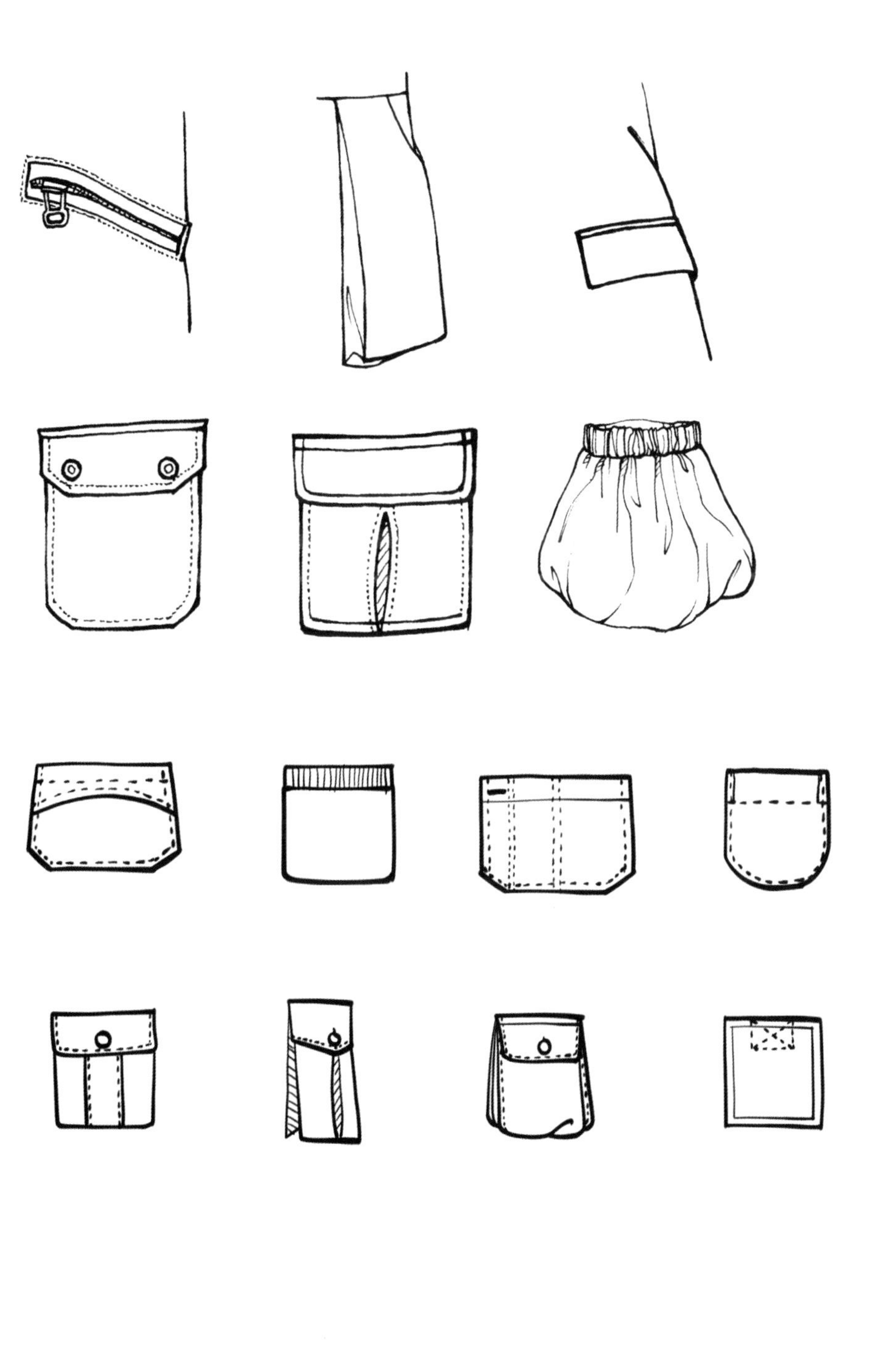

▲图 1–52 各种衣袋的画法

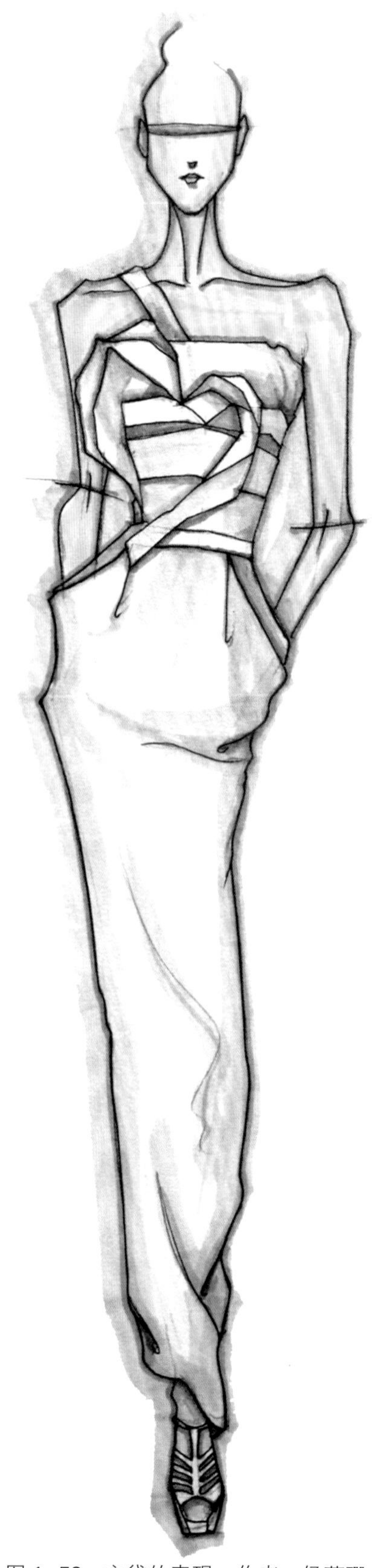

▲图 1–53 衣袋的表现 作者：侯蕴珊

（二）裙装

裙装是人类最早的服装类型，因其通风散热性能好、穿着方便、行动自如、美观、样式变化多等诸多优点，为人们喜爱，以女性和儿童穿着较多。按裙腰在腰节线的位置区分，有中腰裙、低腰裙、高腰裙；按裙长区分，有长裙、中裙、短裙和超短裙；按裙廓型区分，大致可分为筒裙、斜裙、缠绕裙三大类（图 1–54 ~图 1–59）。

▲ 图 1–54 各种裙装的画法

▲ 图 1–55 裙装的表现一

▲ 图 1–56 裙装的表现步骤一

▲图 1–57 裙装的表现步骤二 作者：侯蕴珊

▲图 1–58 裙装的表现二 作者：郑喆成

▲图 1–59　裙装的表现三　作者：侯蕴珊

（三）裤装

裤子是人们下身所穿的主要服装，原本是贴身及膝的男性服装，20 世纪以后男女都开始穿着裤装。根据裤子的裤长、裤宽和皮带位置的不同，裤子的款式变化多样。在画裤子的时候要注意人体动态产生的褶皱和变形（图 1–60 ~ 图 1–64）。

▲ 图 1–60　各种长裤的画法

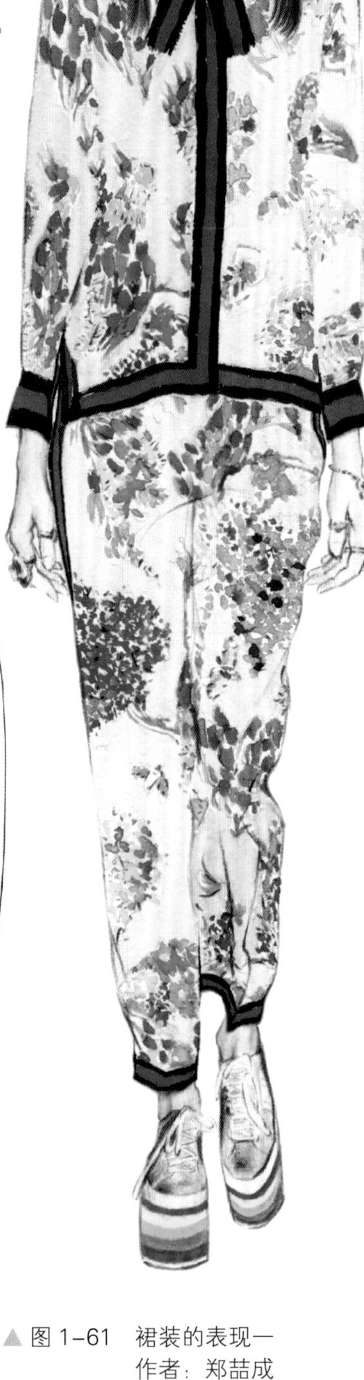

▲ 图 1–61　裙装的表现一
作者：郑喆成

▲ 图 1–62　长裤的表现二
作者：侯蕴珊

▲图 1-63 短裤的表现步骤

▲图 1-64 各种短裤的画法

三、衣纹与衣褶的表现

服装在人体表面会随着人体的运动产生褶皱变化，不同的服装面料会产生不同的褶皱。在时装画中，要以表现服装的款式结构为主，对于衣纹与衣褶的表现用线要简练，要在下笔前总结和概括，使服装生动自然（图 1–65 ~ 图 1–67）。

▲图 1–65 各种衣纹与衣褶的画法

▲图 1–66 衣纹与衣褶的表现 作者：周冰倩

▲图 1–67 衣纹与衣褶的表现步骤 作者：侯蕴珊

时装画　作者：杰里·哈尔（Jerry Hall）

第2章 时装画着色基础

课程名称： 时装画着色基础

课题内容： 色彩基本知识

色彩的运用

课题时间： 8 课时

教学目的： 通过本章学习使学生了解色彩构成的相关知识，重点是在色彩与服装之间建立一个桥梁，理论知识与配色训练相结合培养学生对色彩的分析和应用。

教学方式： 以案例教学为主，也可采用分小组的任务驱动教学。

教学要求： 1. 掌握色彩基本知识和配色技巧。

2. 运用色彩知识和配色技巧独立设计和绘制时装画。

课前准备： 色彩构成相关知识。

▲图 2–1 玛丽・卡特兰佐（Mary Katrantzou）2011 秋冬秀

在观看物象的时候，首先映入眼帘的是色彩，在生活中我们有这样的经验，步行在街上，当远处走来一群穿着漂亮服装的女孩时，首先注意到的是服装的色彩，当她们走近之后才能看清服装的款式，在商店买衣服时也有同样的体会，首先吸引我们的是颜色。色彩通过视神经传达到心灵获得不同心理感受，例如，红色、橙色热闹、温暖；黑色稳重、肃穆；白色干净、圣洁；鲜亮的黄色令人烦躁和激动；绿色和蓝色可以使我们有种凉快的感觉。

在服装设计中，色彩、造型、质感是设计的三大要素。色彩在服装上的运用，除美感外，还有适用性与功能性。夏天穿浅色服装可反射阳光而感觉凉快；冬天穿深色衣服吸收阳光增强保暖性；深色有收缩的视觉效果，而浅色有扩张的视觉效果；在郊外，穿色彩亮丽的服装醒目突出；在办公室，服装的颜色与环境的颜色相协调，会令自己和同事心情愉快。不同年龄、不同文化层次、不同性别、不同国籍的人，在服装色彩的选择上有很大的差别。欧美年轻人服装的色彩喜欢选用白色、灰色、黑色；老年人喜欢鲜亮的色彩，而在中国，这种对服装色彩的好恶正好相反。服装颜色好看与否，关键在于搭配，只要搭配得当都是好看的。服装的色彩还受时代与流行的影响，因此，在绘制时装画时，要把握住色彩的流行与时尚，把握画面色彩的美感(图 2–1、图 2–2)。

▲图 2–2 同样款式不同颜色的服装效果 作者：侯蕴珊

第一节 色彩的基本知识

▲图 2–3 冷色和暖色

要为服装效果图着色，控制画面的色调，必须要懂得色彩的基本知识以及色彩搭配的美感。

从视觉角度区分色彩，大致可以分为无彩色和有彩色两大类。光谱上能够被肉眼所感知的色彩，属于有彩色；黑色、白色和不同深浅的灰色不包括在可见光谱中，属于无彩色。从色彩心理学的角度又可以将色彩分为暖色、冷色。红色、橙色、粉色等就是暖色，可以使人联想到火焰和太阳等事物，让人感觉温暖；蓝色、绿色等被称作冷色，这些颜色让人联想到水和冰，使人感觉寒冷（图 2–3）。

一、色彩三要素

色彩三要素为色相、明度和纯度。

色相：指一种颜色区别于另一种颜色的表象特征，所谓红色、黄色、蓝色、绿色等称呼的就是色彩的色相。色相是色彩的最大特征。

明度：指色彩的明亮程度。明度最高的颜色是白色，明度最低的颜色是黑色。

纯度：指色彩具有的鲜艳度或强度。色相越清晰明确，其色彩彩度越高，彩度最高的颜色被称为纯色，反之，加入灰色后就会钝化，彩度就会降低。黑色、白色和深浅不同的各种灰色属于无彩色，没有色相，所以彩度为零（图 2–4、图 2–5）。

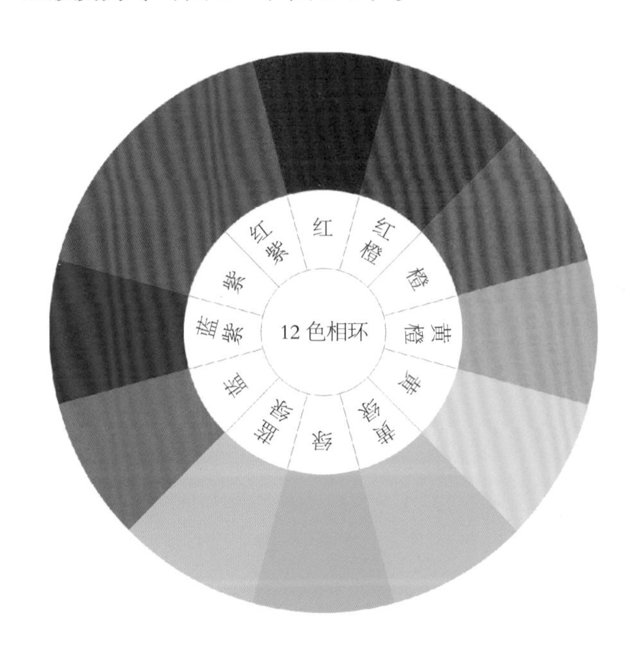

▲图 2–4 12 色相环

▲图 2–5 色彩分析

▲ 图 2–6 色调流行趋势分析

二、色调

色调是表示色彩的明、暗、浓、淡、深、浅等状态的用语，是将明度与彩度结合起来的表示方法。即使是不同的色相，只要是同一个色调，就可以给人同样的感觉。比如，春夏装多以粉色、绿色、黄色等浅色调为主，虽然颜色的色相各不相同，但同样给人可爱、轻松的印象，迎合季节明快、清爽的感觉。在服装设计中，色调的选择是非常重要的，决定了下个季节的流行趋势（图 2–6 ~ 图 2–8）。

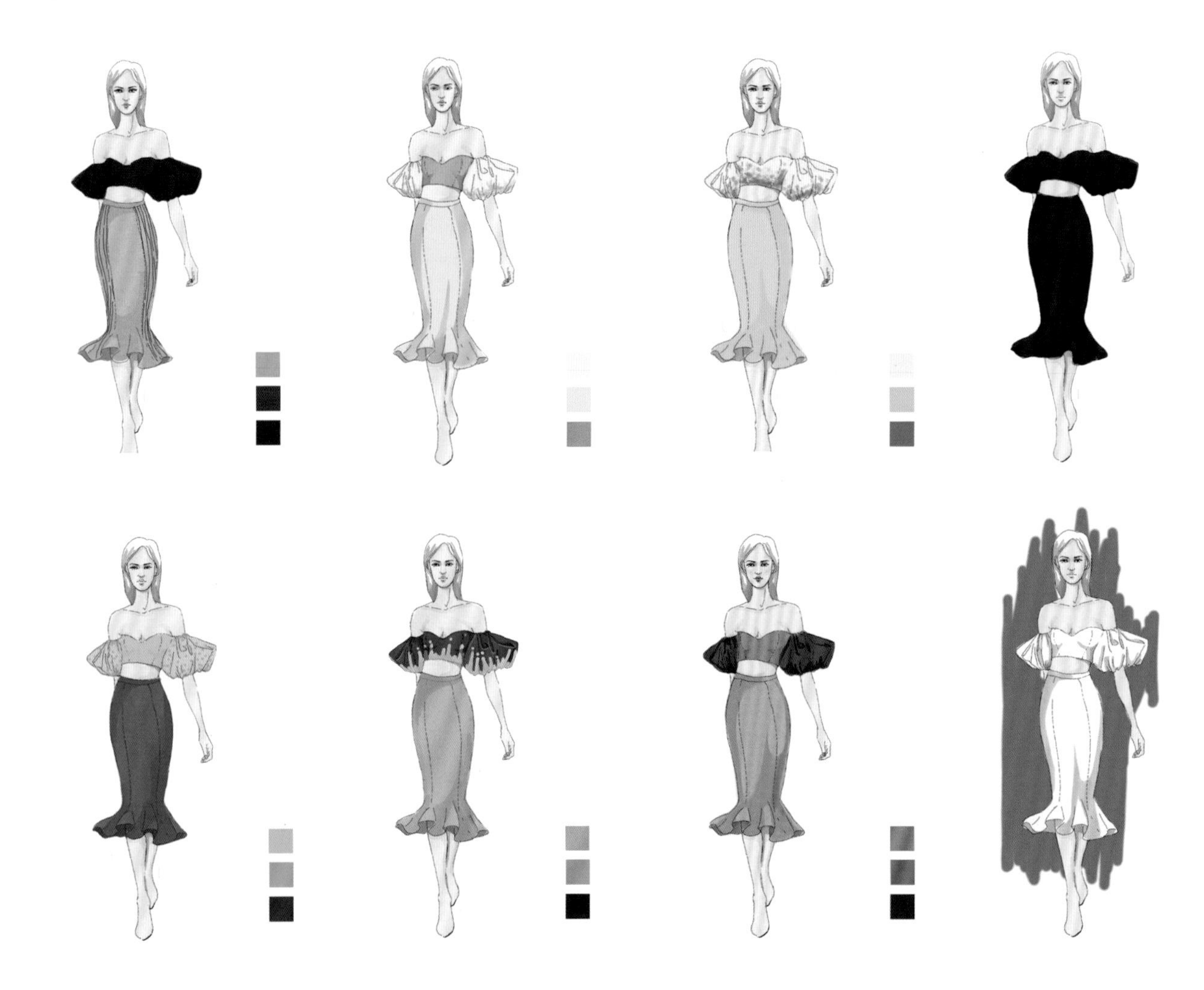

▲ 图 2–7 服装色调的运用 作者：胡霜叶

▲图 2–8 时装画 作者：岸本（Kishimoto）

三、色彩情绪

（一）红色系

红色是三原色之一，是可见光谱中长波末端的颜色，鲜艳夺目。红色代表着热烈、奔放、激情和斗志。许多国家和民族以红色作为吉祥喜庆的象征色，红色系的服装可以使穿着者呈现积极向上的面貌（图2–9、图2–10）。

▶ 图2–9 红色系服装流行趋势

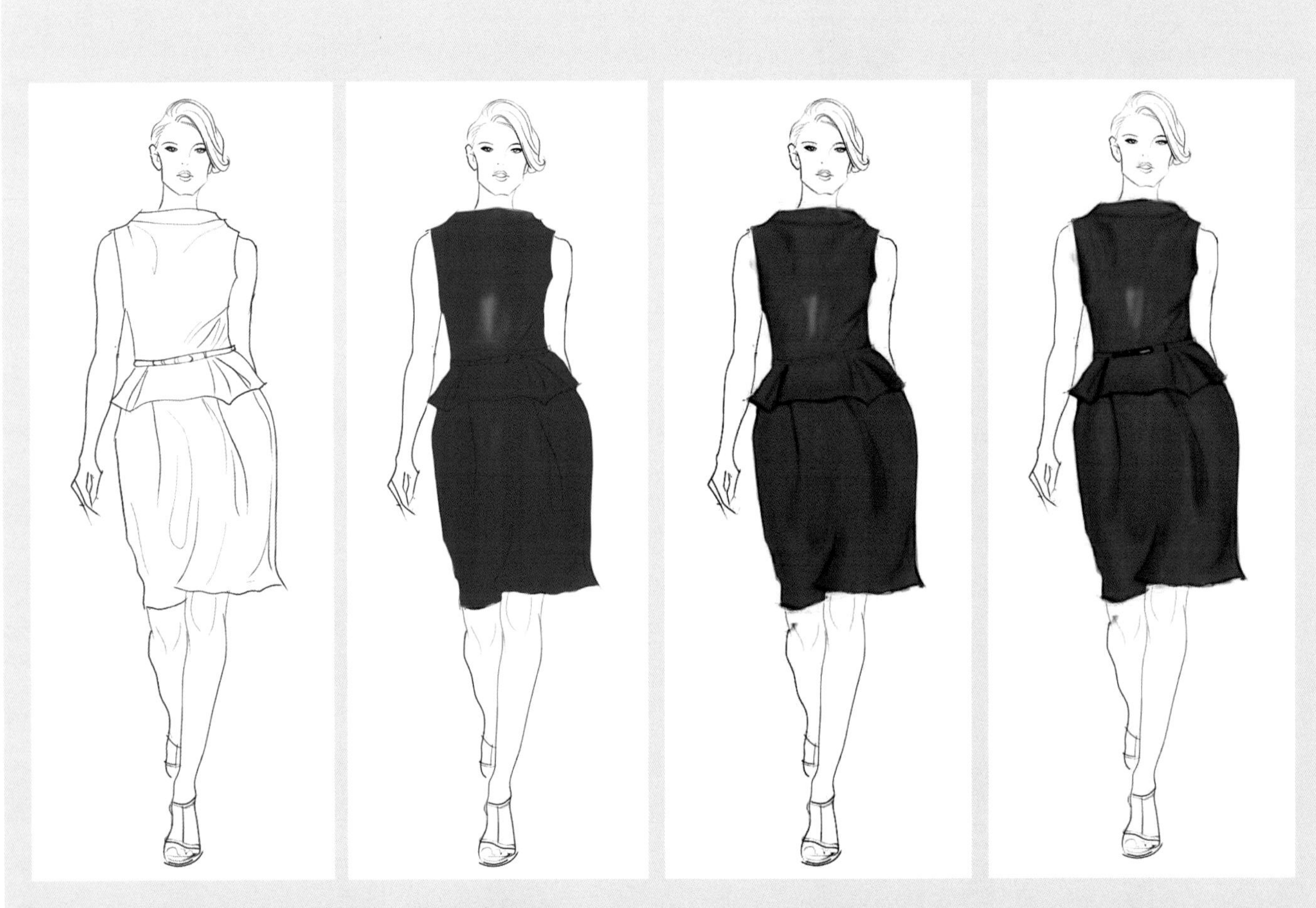

▲ 图2–10 红色系服装的绘制步骤 作者：侯蕴珊

（二）黄色系

黄色是所有色相中最能发光的色彩。黄色系的服装明视度很高，引人注目，给人以轻快、辉煌、充满活力的视觉印象。日常服装中常见的有淡黄色、米黄色、琥珀色、茶褐色、赭石色等（图 2–11、图 2–12）。

▲图 2–11　黄色系服装流行趋势

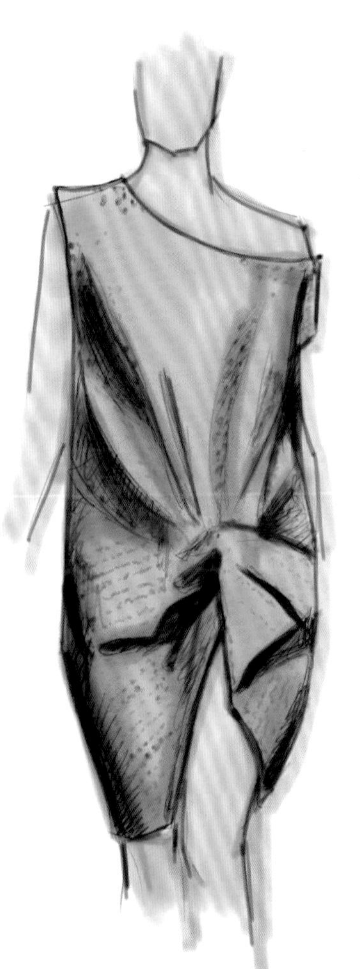

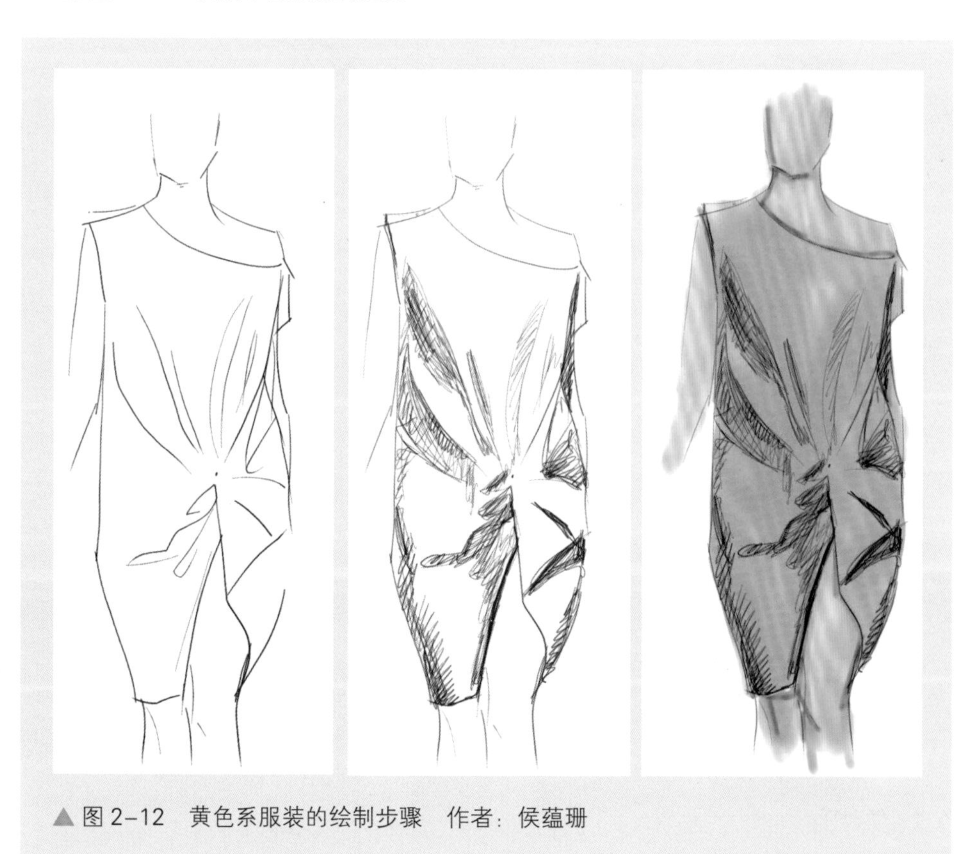

▲图 2–12　黄色系服装的绘制步骤　作者：侯蕴珊

（三）黄绿色系

黄绿色为黄色和绿色的中间色，是春天草木萌芽的色彩。翠绿色、嫩绿色、浅绿色是主要色彩，黄绿色的色调温和，为大多数人所喜爱（图2–13、图2–14）。

▲ 图2–13　黄绿色系服装流行趋势

▲ 图2–14　黄绿色系时装画

（四）绿色系

绿色是大部分植物的色彩，刺激度和明视度都不高，对人的心理影响温和，但高彩度的绿色通常不适合日常服装（图2–15、图2–16）。

▶ 图2–15　绿色系服装流行趋势

▲图 2-16 绿色系服装的绘制步骤 作者：侯蕴珊

（五）蓝色系

蓝色是三原色之一，是最冷的色彩。蓝色系的服装给人以纯净的感觉，有冷静、理智、广阔与安宁的视觉印象（图 2–17 ~ 图 2–19）。

▲图 2–17　蓝色系服装流行趋势

▲图 2–18　Albino 2012 米兰春夏

▲图 2–19　蓝色系时装画　作者：侯蕴珊

（六）紫色系

紫色是用红、蓝两种颜色混合出的色彩，是高贵、神秘的象征，紫色系的服装较受女性的喜爱，给人以优雅、神圣的感觉（图 2–20、图 2–21）。

▶图 2–20　紫色系服装流行趋势

▲图 2–21　紫色系时装画　作者：侯蕴珊

（七）白色系

白色被认为是无色，在明暗层次中，白色最为明亮，与黑色对比强烈。白色系的服装给人以健康、干净、光明、质朴的感觉，由于它能反射太阳光，吸收热量少，所以常用在春夏服装中（图2-22、图2-23）。

▲图2-22　白色系服装流行趋势

▲图2-23　白色系服装的绘制步骤　作者：侯蕴珊

（八）黑色系

黑色在色彩心理上是一种很特殊的色彩，它本身无刺激性，但是配合其他色彩会凸显其他色彩，增加视觉效果。黑色是比较消极的色彩，象征罪恶、死亡、不吉利，但运用得当也有高贵的感觉，与白色一样是永远的流行色（图 2-24 ~图 2-26）。

▲ 图 2-24　黑色系服装流行趋势

▲ 图 2-25　黑色系时装画　作者：郑喆成

▲ 图 2-26　黑色系时装画　作者：侯蕴珊

第二节 色彩的运用

一、服装色彩的特性

（一）服装色彩的实用性

色彩在服装中的运用具有实用性。例如，夏天穿浅色衣服，由于浅色反射阳光而感觉凉快；冬天穿深色衣服，吸收阳光感觉温暖；在战争中，野战服的草绿色便于隐蔽；在生活中，幼儿穿色彩鲜艳的衣服引人注目，不容易发生交通事故等。色彩在服装中运用得当能为人们的生活提供方便。因此，它具有实用性。

▲图 2–27 参考照片

（二）服装色彩的象征性

长久以来人们赋予色彩象征意义，并在现实生活中广泛运用具有标识性的色彩。例如，白色象征纯洁，是代表和平的颜色；黄色象征权利，是帝王的颜色；红色象征喜庆，是节日和新娘的颜色；黑色象征神秘、高贵；紫色性感、妖艳等。

（三）服装色彩的装饰性

时装画的配色当中常常使用具有较强装饰性的色彩，或单纯、或丰富、或对比强烈、或柔和，总之都要经过用心提炼和经营。装饰强烈的色彩既能明确表达设计师的配色意图，也能获得好的画面效果，特别是表现具有民族风格的服装，配以各色图案及边饰，使服装具有鲜明特点和个性（图 2–27、图 2–28）。

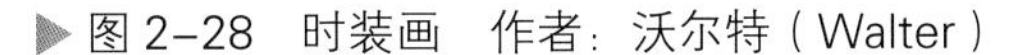

▶图 2–28 时装画 作者：沃尔特（Walter）

▲ 图 2–29　扎染裙　作者：侯蕴珊

二、时装画的配色

常常听到有人讲"这个颜色真美"，其实客观地讲，任何一种颜色都无所谓美与不美，只有当它和另外的颜色配合比较时才能评价是否美。例如，一件色彩鲜嫩的桃红色衣服，穿在一个皮肤白里透红的女孩身上是美的，而穿在一个皮肤黄褐的妇女身上就不好看；桃红色的上衣配红色或白色的裙子协调，而配绿色就不一定好看。由于每个人的文化修养、社会阅历、艺术素质、生活观念、年龄、性别、喜好不同，对色彩的评价又有很大出入。例如，甲认为好看的佳作，乙却不屑一顾，再加之时代的变迁，旧的潮流被新的潮流取代，因此服装的配色没有一个放之四海而皆准的真理。服装的配色虽多种多样，但也有规律可循，不能脱离一般的美学原则：整体色调、主次、对称、节奏、呼应、点缀、层次。

时装画的配色与服装的配色相同，同时还要与肤色、发色、环境色相协调。仅对单个着装人物着色相对容易得多，如果是两个人物以上或者也要给背景着色就要考虑人物与人物之间的色彩搭配，人物与背景的关系，画面色调统一与对比关系，色彩明度对比、彩度对比关系等诸多问题，多观察，多体会，多练习，提高自己的色彩修养及感受能力，便能创作出色彩美丽的画面（图 2–29、图 2–30）。

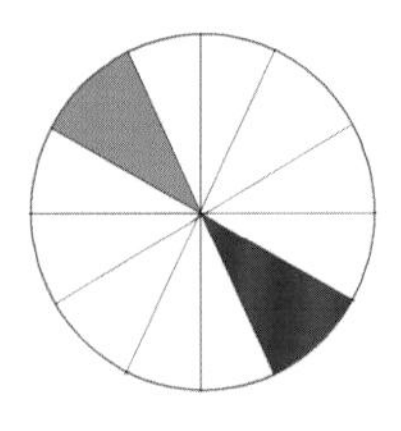

互补色

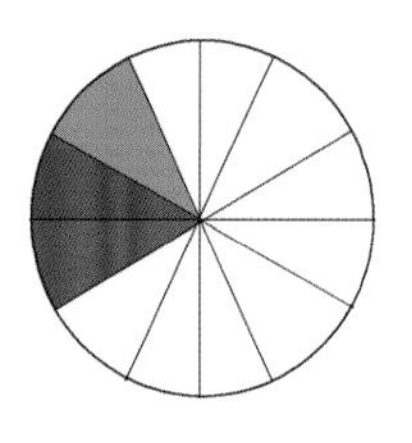

三体色

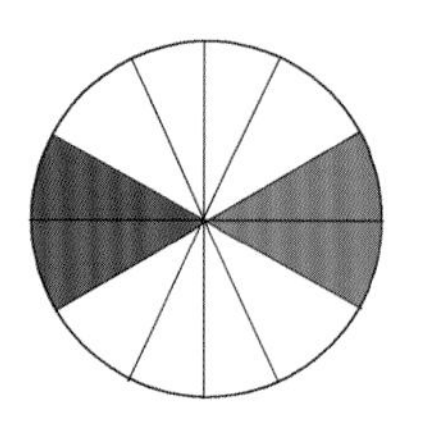

同类色

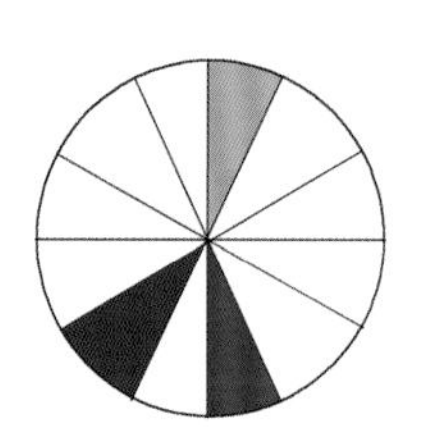

双互补色

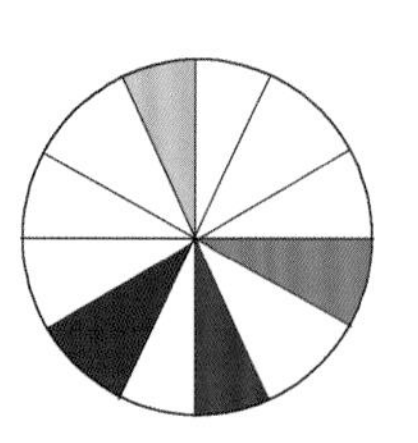

补色分割

相邻互补色

▲ 图 2–30　不同的色块范例

（一）同类色的搭配

同类色的搭配方法也可以称为统一法，指用某一种颜色进行明度不同的搭配。如上下衣着都是红的，那么鞋、袜、帽也应都是红的。这样的配色极其容易获得色彩的和谐，但若处理不当也容易显得单调。因此，应在色彩的明度和纯度上作有意识的处理，显现出同类色的不同层次的丰富画面。如浅黄色与深黄色，浅蓝色与深蓝色等。此外，在同类色里稍有冷暖变化，会使画面更加生动。服装的统一配色法，受到大多数人的青睐，对于男女老少和不同气质、不同性别的人来说都很合适（图 2–31、图 2–32）。

▲图 2–31　同类色　作者：胡霜叶

▲图 2–32　同类色服装搭配　作者：侯蕴珊

（二）邻近色的搭配

指色环上相邻的两个颜色的搭配。如橙与红、黄与绿、青蓝与紫等。相邻色的搭配容易取得协调、统一、柔和、自然优美的色彩感觉。这类色的搭配，明度与纯度合适才能达到最佳的效果。例如，同时降低纯度与明度的配色：淡鹅黄与淡草绿搭配的童装，给人嫩嫩的感觉；黄与红的搭配给人温暖的感觉；淡蓝与淡绿的搭配有自然清新的感觉；紫与蓝的搭配具有高贵典雅的色彩效果（图 2–33、图 2–34）。

▲图 2–33　邻近色　作者：胡霜叶

▲图 2–34　邻近色服装搭配　作者：侯蕴珊

（三）对比色的搭配

对比色的搭配，也叫相互衬托的搭配，是将互为补色的色彩进行搭配。例如，绿色套装配上红色内衣，黄色衣裙配上紫色腰带和紫色头巾，对比色的搭配能使画面产生强烈的色彩效果，格调新颖，色彩明朗。在对比色搭配的处理上，应在面积上有所区别，明度或彩度作恰当的调配，才能获得美的色彩效果。例如，以一种颜色为主色，另一种颜色作点缀，则能产生“万绿丛中一点红”的优美色彩效果。一款浅黄色的连衣裙，配上降低纯度的浅紫色腰带、头巾、衣裙和围巾，便构成生动鲜明、层次分明的色彩效果（图2–35、图2–36）。

▲图2–35　对比色服装搭配　作者：侯蕴珊

▲图2–36　对比色　作者：胡霜叶

（四）色彩的呼应搭配

呼应搭配法也叫相关色的搭配，就是服装上不同色彩的彼此呼应。例如，蓝色的上衣配蓝色与黄色条纹的裙子，裙子上的蓝色与上衣的蓝色相互呼应；红绿格的上衣配红色的裙子，上衣的红色格子与裙子的红色相互呼应，你中有我，我中有你，相得益彰，起到既和谐统一又有变化的色彩效果（图2–37、图2–38）。

▲ 图2–37 色彩呼应 作者：胡霜叶

▲ 图2–38 色彩呼应的服装搭配 作者：侯蕴珊

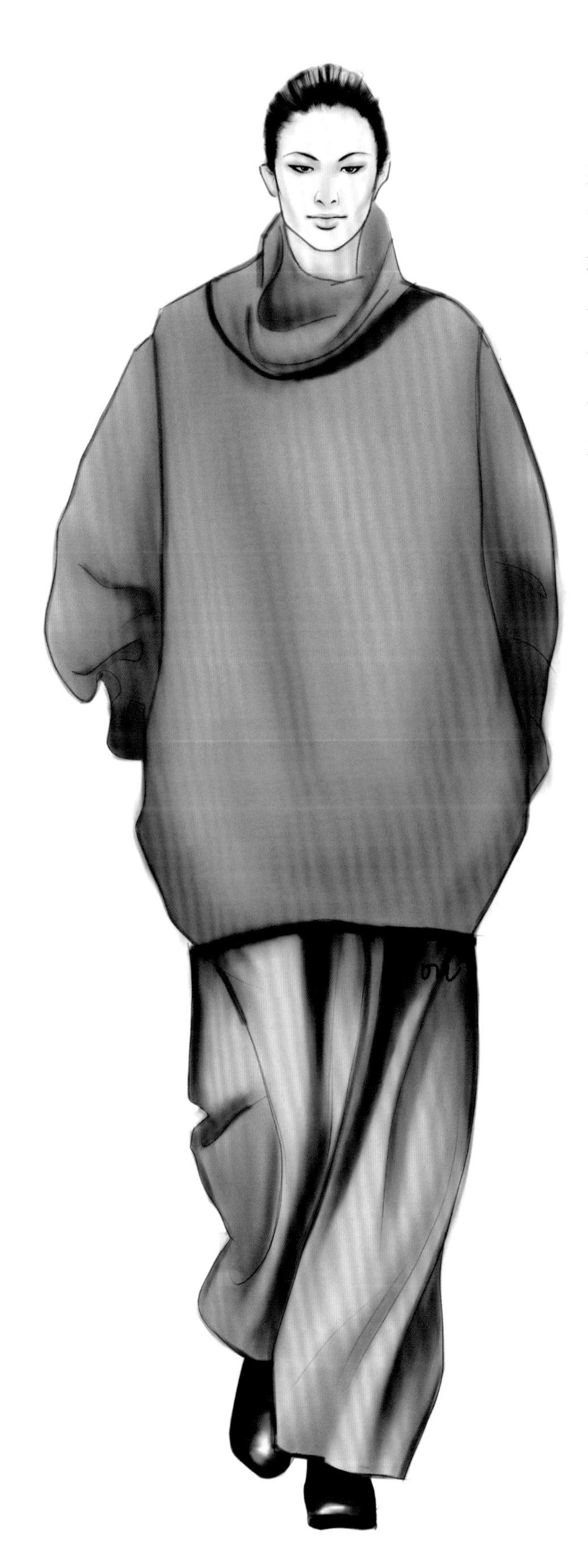

（五）色彩明度的协调搭配

色彩的明度搭配大致分为高明度、中明度和低明度色彩。以明度高的色彩为主的配色为高调配色，依次是中调配色和低调配色。高明度的画面，要以高明度的颜色为主，辅之中明度颜色和低明度颜色，才能获得统一的视觉效果。例如，白衬衫配黑长裤，白色与黑色的面积差不多会显得缺乏主调和呆板，但是如果白衣服配黑色超短裙，白色与黑色的面积大小不一样，则会给人主次分明、对比强烈的美感（图2–39、图2–40）。

▲图2–39　色彩明度不同的服装搭配　作者：侯蕴珊

▲图2–40　色彩明度的协调　作者：胡霜叶

时装画　作者：孙蕾

第3章 时装画手绘表现技法

课程名称：时装画手绘表现技法

课题内容：基础表现技法

面料的表现技法

工艺细节的表现技法

服装配饰表现技法

课题时间：34 课时

教学目的：要画出精彩的时装画，必须掌握基本的手绘表现技法和绘画技巧，并且懂得如何简化运用，学习临摹本章的表现技法和绘制过程，使学生了解作画步骤和表现手法，通过练习，能准确表达自己的想法。

教学方式：教师讲授示范与学生实践相结合。

教学要求：1. 掌握时装画中线、黑白灰、色彩表现技法。

2. 掌握服装面料、工艺细节及服饰配件的表现技法。

课前准备：时尚杂志、图片等时装画参照资料。

第一节 基础表现技法

一、线的表现

线条是构成绘画最基本的元素，也是时装画中最精炼的表达方法，它的表现手法丰富，不但可以描绘物体的结构与形态，而且能够充分表达作者的精神内涵。线条所具有的生命力与表现性、概括性以及它给受众无限的想象空间，是其他绘画语言所不能及的。不同的线条代表不同的意义及不同的情感因素。时装画中，线条的运用更有它的典型意义和广泛性。

时装画对线条的要求除了表现形体要结构准确、线条流畅，还要注意对复杂的服装结构线、运动线、缝纫线、装饰线等进行概括归纳。时装画中线的表现具有极强的抽象意味和艺术魅力，线的虚实、粗细、深浅、浓淡和朴拙、流畅、刚硬运用得当能够表现出服装的质感、体量感、空间感、力度感等。了解和掌握线的表现方式是服装专业学生或者从事服装设计人员不可忽视的专业技能。只有熟悉线的表现，加强对时装画线描训练，才能提高创意表现手段的水平，也为其他形式的表现手法打下良好基础（图3–1）。

◀图3–1 用线条表现的时装画 佚名

（一）想象的线条

自然界中原本不存在线条，所说的线条，是指在不同色彩会合的地方，由你的想象力在它们之间补充了那个线条。由于时装画的概括性因素，形与形之间、面与面之间的划分都需要由线条来完成。时装画的用线不完全等同于其他绘画的线条，它需要高度的概括力、表现力，而且使用线条非常节省，要把它用在关键的地方。能省略的线便省略，空余部分让观者用想象力将它们填补，这样就有机会让观者加入创作过程，其结果会让观者视觉上感到满足。想象的线条也会赋予形象整体的节奏感、空间感、整体感，从而增加画面的美感。时装画中线条的简与繁，必须是以能明确表现服装结构为前提，该省略的才省略，不能省略的结构线要清楚地表现出来。时装画、服装速写、服装插图、服装广告中，线条可以或繁或简或省略，可以给观者多一些想象，而服装款式图和服装结构图，则应完整地将服装的款式、结构等表现清楚（图 3–2）。

▶ 图 3–2　线描时装画　作者：郑越洋子

▲图 3–3　用线条表现的时装画　作者：嘉兰丝·多尔（Garance Dore）

（二）表现纹理质感的线条

线条有极强的表现力，它是有表情的，可以表现情绪，画过线条的人都有些认识，就像写过字的人知道，即使只写一个字也会表现出它的性格和情绪。温柔的线条、生气的线条、爱慕的线条、仇恨的线条、嫉妒的线条、失望的线条或沉着的线条，我们拿起笔来马上就可以试，将结果拿给朋友看，其结果八九不离十。在时装画中，轻柔的纱、丝绒，厚重的毛、皮、麻等不同的纹理质感的面料，应采用不同软度、不同粗细的线条来表现。

时装画中一般常用的线条表现方法有：匀线勾勒、粗细不同的线条勾勒、粗线勾勒、细线勾勒、双线勾勒和点线勾勒；线条有直线、弧线、飘柔的线、坚硬的线；不同的笔可勾出不同的线，有钢笔勾线、速写笔勾线、沾水笔勾线、毛笔勾线、马克笔勾线以及自制的笔勾线等。点线可以用来表现毛、绒、麻等质地比较粗糙松软的面料或结构线、工艺线等；直线及较粗硬的线条表现皮革及牛仔布料较为适合；流畅的细线适合于表现轻薄面料服装（图 3–3 ～图 3–5）。

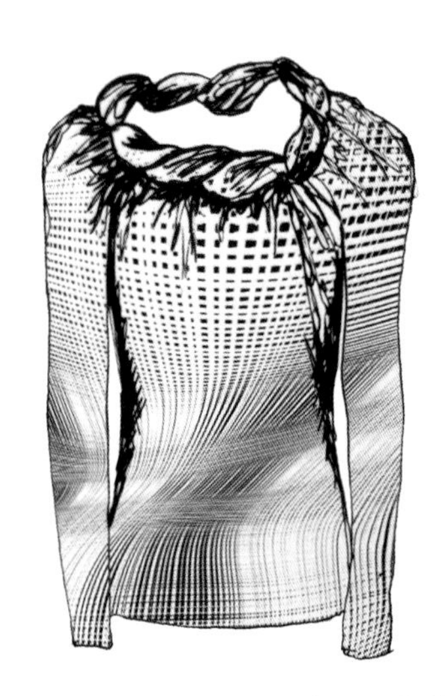
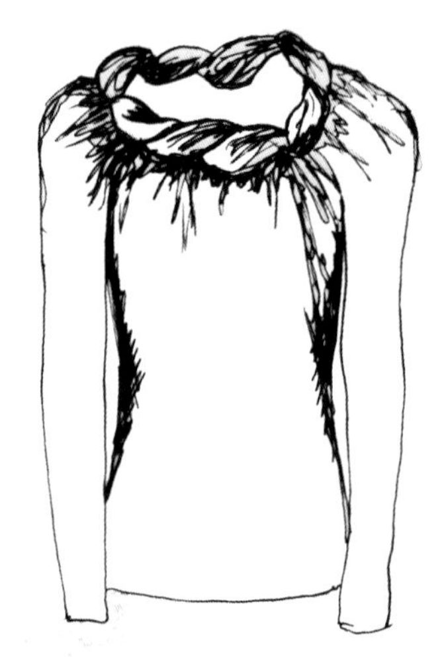

▲图 3–4　素描时装画　作者：凯西·皮埃（Cathy pill）

▲图 3-5 表现纹理质感的时装画 作者：理查德·罗伊（Richard Rilroy）

（三）表现节奏的线条

人的眼睛在观画的时候，是顺着线的标示进行的，当看到相当多的线条时，速度就会慢下来，如越过一个空白的区域时速度就会快一些，而粗细不同的线条会让观者产生停顿，这种如同音乐里的快慢与停顿的节奏常被画家利用线条引导速度的变化，提高视觉兴奋，画面人物造型的美感正是通过这种视觉情绪的调动而在观者的心里产生的。在时装画里，线条固然能表现出美感，需要注意的是，线条要简洁，对比与节奏要明确，密集的线条目的是表现服装的衣纹、质感、款式结构、图案、穿着形态，不能仅为线条的美而堆集线条，讲究的是线条的准确性、线条的疏密和线条的省略（图 3–6、图 3–7）。

▲ 图 3–6　时装画　作者：戴安娜 · 罗斯（Diana Ross）

▲图 3–7　时装画　作者：凯斯·达门（Cathee Dahmen）

二、黑白灰的表现

黑白灰属于色彩体系中的无彩色系，抛开了复杂的色相，单纯从色彩的明度方面进行表现，以单纯的素描关系表现层次丰富的黑白色调，使画面具有立体感。时装画中黑白灰的表现技法常作为一种基础训练的手段存在，它为时装画设色提供了不可缺少的依据。由于黑白灰本身的丰富色差和单纯朴素的美感，使黑白灰时装画的画面既整体统一又耐人寻味。在时装画中运用黑白灰描绘出服装的层次、细节及面料图案，训练对画面中黑、白、灰分割的组织能力和细节刻画能力，除了服装的外形特征和内结构以外，还要注意节奏感和整体性（图 3–8）。

▲图 3–8　黑白时装画　作者：安迪赖斯（Adddress）

黑白灰表现要求作画者具有较强的素描功底，素描是人类历史上最早出现的绘画形式，也是最古老的艺术语言，可以使用铅笔，也可以使用炭笔。由于素描表现力强，既可使用变化多端的线条，来表现丰富的黑、白、灰层次，便于深入刻画人物形象，又可以表现服装的款式结构特征及面料的质感和对象的立体感。服装的素描表现较之其他绘画的素描表现有所不同，用笔以及黑白灰的层次处理比较概括，尽量减少不必要的灰色层次，外轮廓大多用勾线表现（图3–9、图3–10）。

▲图3–9 时装画 作者：劳拉·莱恩（Laura laine）

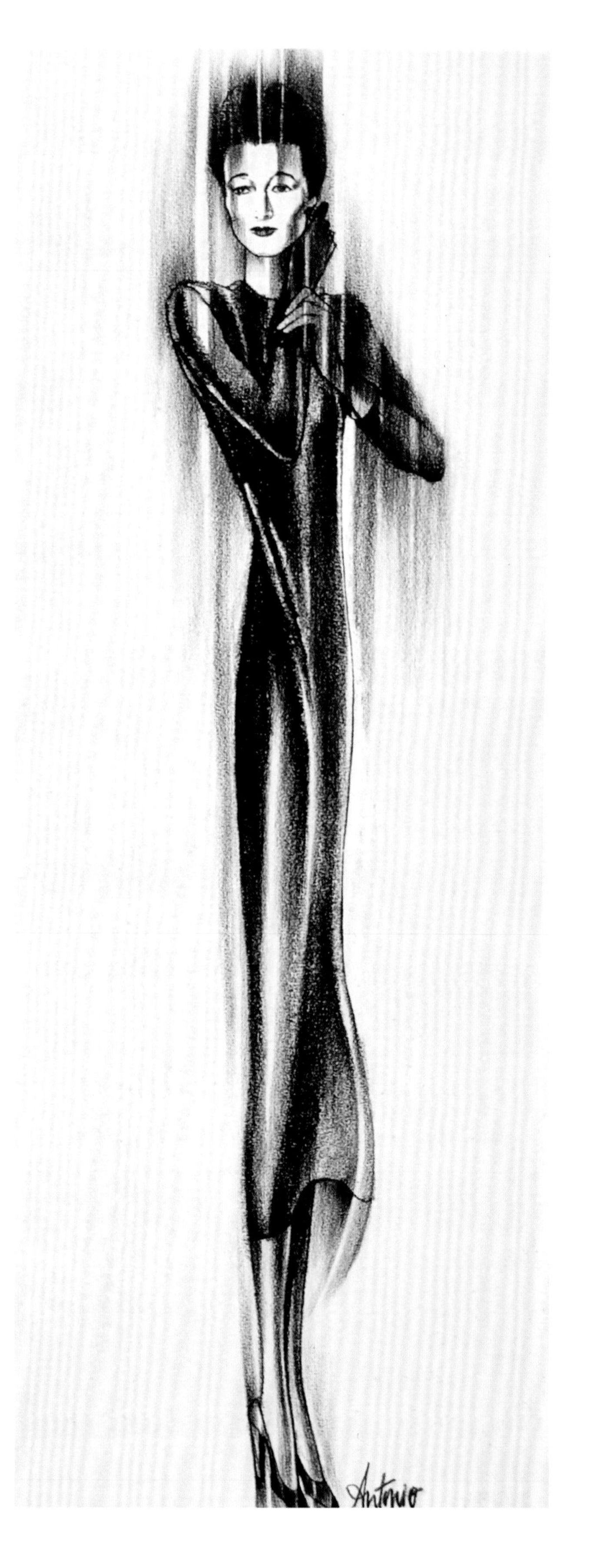

▲ 图 3–10　时装画　作者：安东尼奥（Antonio）

三、色彩的表现

（一）色彩薄画法

薄画法和厚画法是色彩时装画的两种基本表现技法。薄画法使用水彩、水粉、透明水色、水溶性彩铅等材料着色，结合钢笔、铅笔、炭笔、马克笔等勾线，作画时调色较稀薄津润，具有水色淋漓的效果。

薄画法中水彩的使用最为常见，水彩颜料透明、快干、色彩亮丽，画面具有轻松优雅的感觉。在画面的主要部位，简略地施以色彩，再用具有表现力的线条，来强调人物造型及款式结构，一副优美的水彩时装画就完成了（图3–11）。

▲图3–11 时装画 作者：矢岛功

水彩颜料是透明的，作画过程需要一气呵成，不能有过多的雕琢和修改。作画步骤是：定稿以后，先画皮肤的亮色，再画服装的亮色、服饰及鞋的亮色，要想使颜色有丰富的变化可以趁湿并置相邻的颜色或小面积的对比色，待第一遍色干后，用同类色或稍有冷暖变化的颜色干脆利落地将面部以及衣纹的暗部作简要表现。要保持水彩的轻快、透明、干净、活泼、自如的感觉，最后在必要的地方稍加刻画。待色彩全部干透后进行。由于上色比较简洁且不作深入刻画，因此，勾线对造型起着至关重要的作用，线条要表现人物的五官特征、发型、手足的动态、服装的结构、衣纹的来龙去脉和质感，用笔要简洁生动。勾线所采用的工具，要根据着色的纯度或明度高低来确定，可以用铅笔、钢笔、马克笔、彩色铅笔等。勾线要与色彩构成整体和谐关系（图 3–12、图 3–13）。

▶ 图 3–12　时装画　作者：卡洛琳·安准（Caroline Andrieu）

▲图 3-13　时装画　作者：卡洛琳·安准（Caroline Andrieu）

（二）色彩厚画法

色彩厚画法以水粉、丙烯、油画颜料为主，指在作画过程中调色时水分较少，上色时用色较厚、用色量较大的画法。厚画法常用来表现较厚的呢料、毛料、皮革、粗针织等肌理突出的面料。由于厚画法覆盖性强，易于改动，不容易失败，是初学者容易接受的一种表现方法（图 3–14）。

厚画法着色方法有两种：一是写实法，写实的作品可以用于服装广告或用来欣赏，如果是画服装效果图，表现要概括；二是平涂法，平涂的方法相对简单，可先着色后勾线，也可先勾线后着色，也有色块与色块对比而省去勾线的，由于色块本身比较单纯，是平涂着色，在处理色块之间的关系时，要注意彼此间的色彩对比与协调。人物造型应带装饰性，与平涂的色块形成统一的装饰意味（图 3–15、图 3–16）。

▲ 图 3–14　时装画　作者：张妮丽

▶ 图 3–15　时装画　作者：郗莹

▲图3–16　时装画　作者：罗伯特·百斯特（Robert Best）

第二节 面料的表现技法

面料是服装的载体，服装通过面料这一物质媒介体现，为了使观者明确服装的面料属性，在时装画中形象逼真地再现面料的质感就显得尤为重要。

一、常用面料图案的表现

面料的花型和图案多种多样，数不胜数，但时装画的面料表现有一定的规律可循。时装画中花型的绘画程序大致相同，先用铅笔勾出图案的样式，再平涂面料底色，然后根据服装的透视和结构加深阴影，最后填充图案颜色，也可在受光部做适当提亮。面料的图案表现关键在于配色和在服装上的位置，绘制时要符合面料的起伏规律（图 3-17 ~ 图 3-23）。

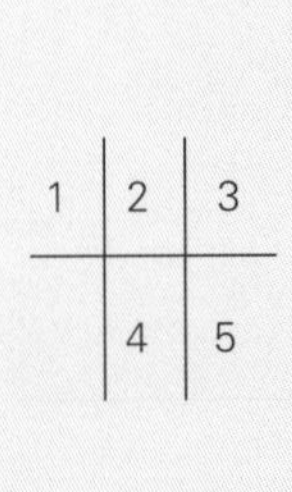

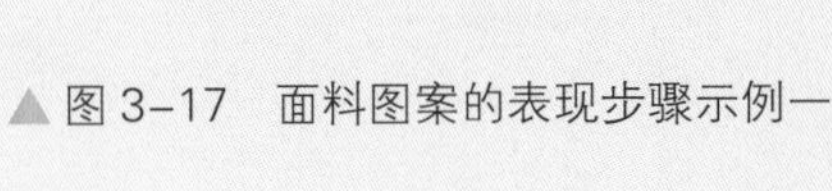
▲图 3-17 面料图案的表现步骤示例一

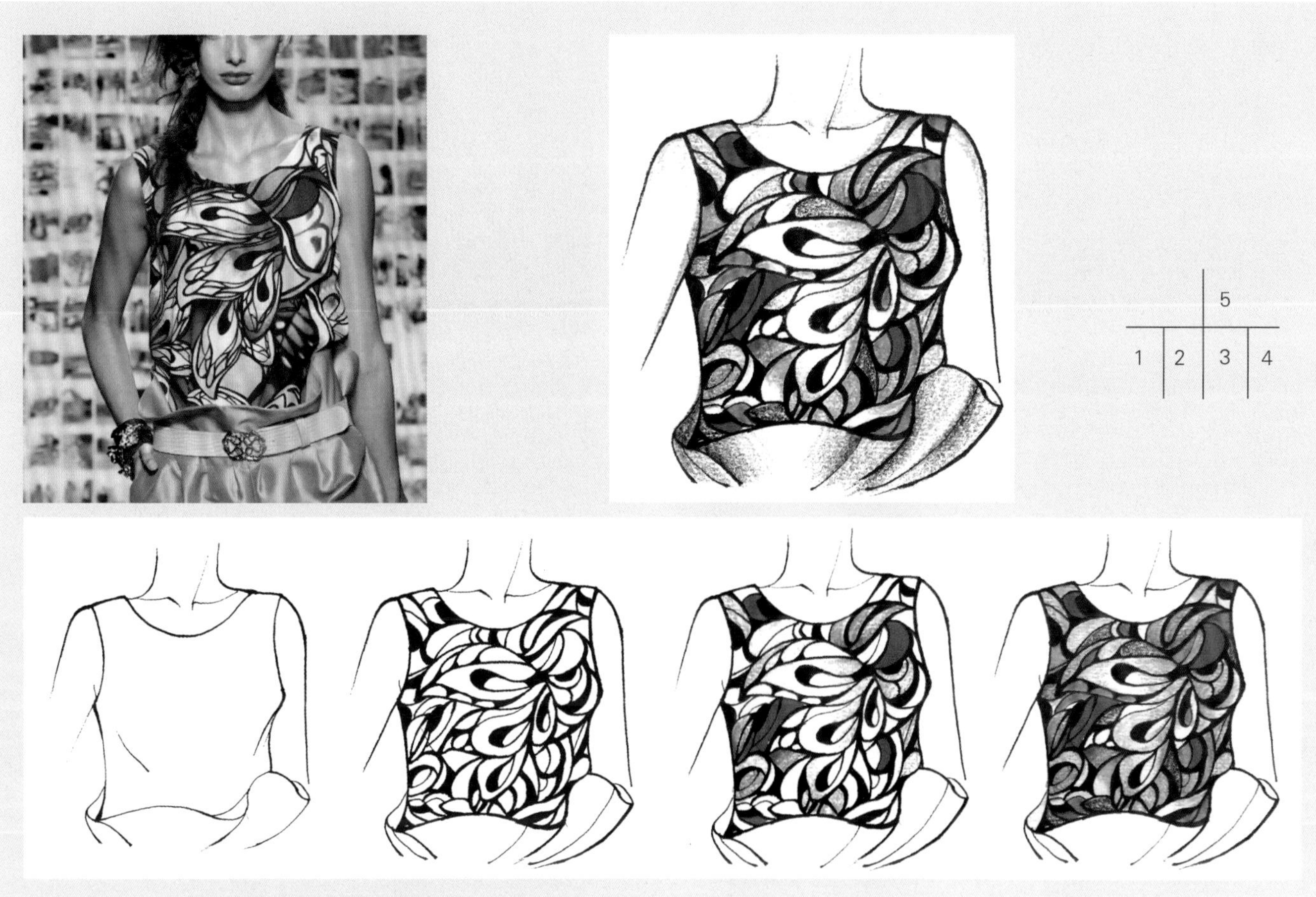

▲图3-18　面料图案的表现步骤示例二

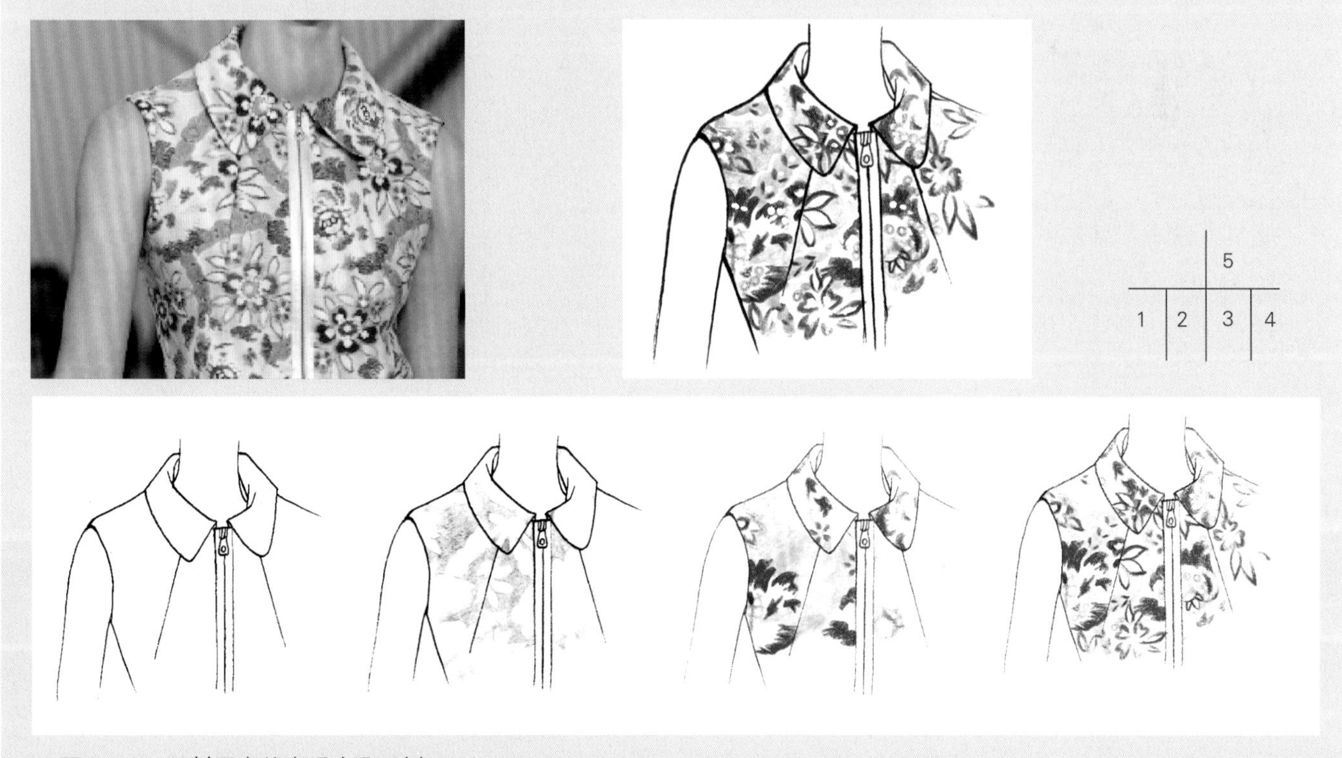

▲图3-19　面料图案的表现步骤示例三

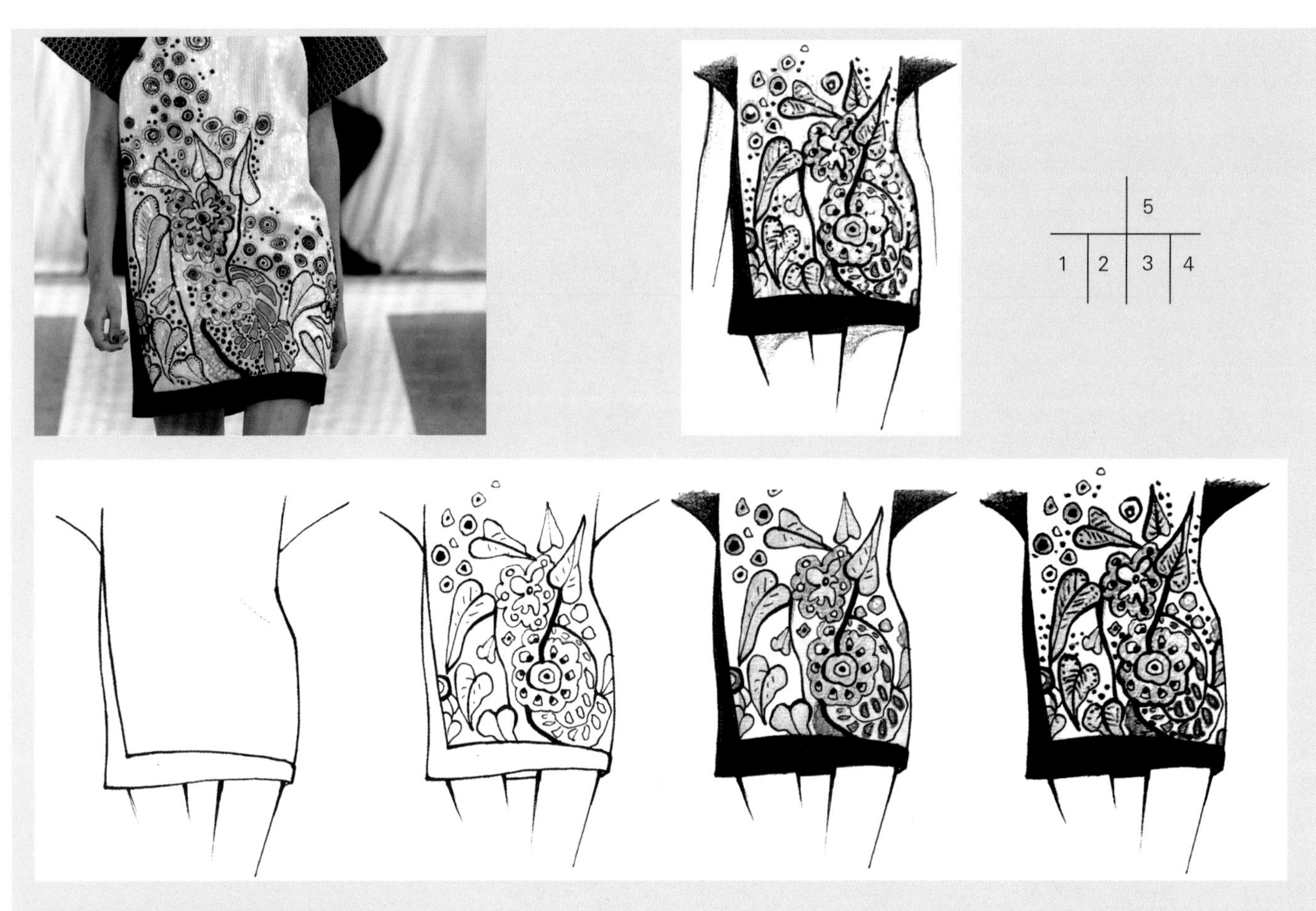

▲图 3-20 面料图案的表现步骤示例四

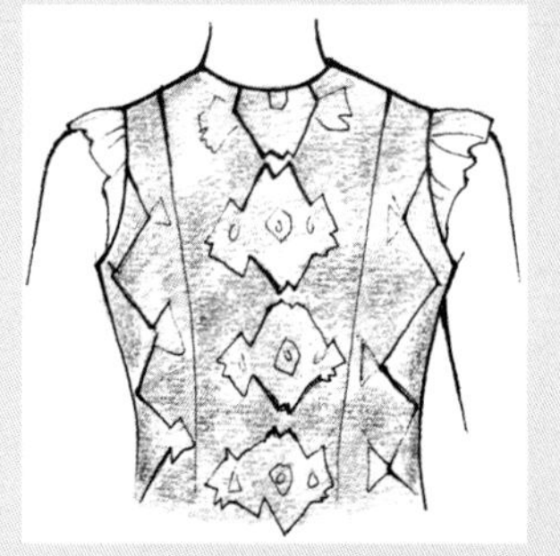
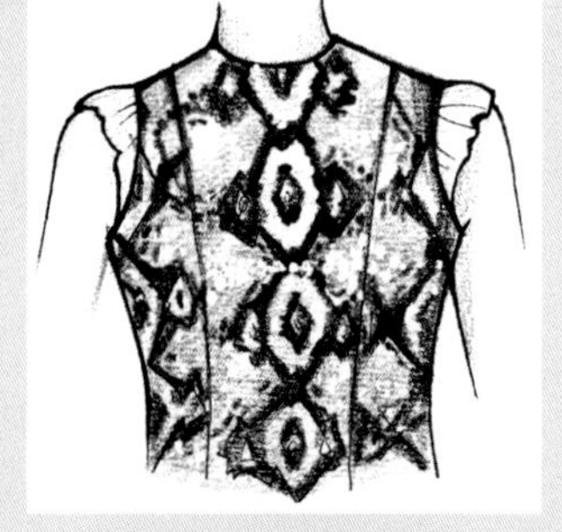

▲图 3-21 面料图案的表现步骤示例五

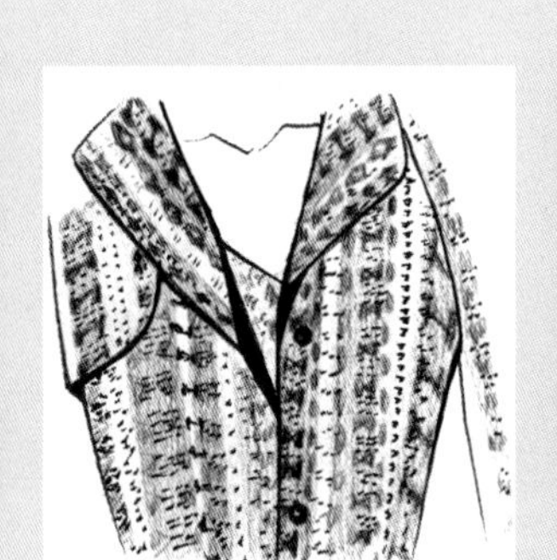

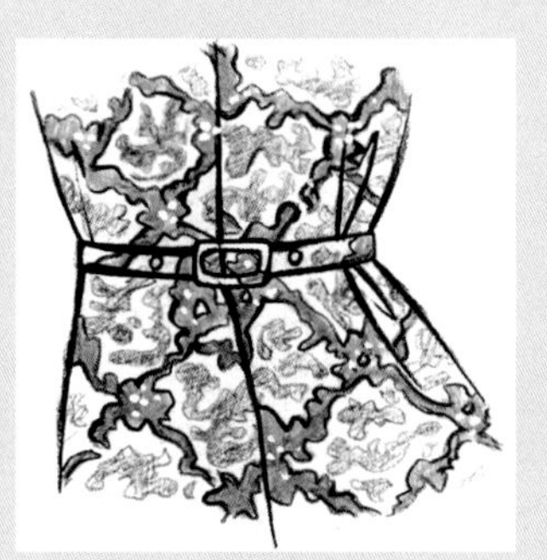

▲图 3-22 面料图案的表现步骤示例六

▲图 3-23 时装画 作者：侯蕴珊

二、常用面料质地的表现

（一）薄纱类

薄纱类的面料分两类：一类是光泽柔和的半透明软纱，另一类是质地轻盈的硬纱。表现薄纱类面料多选用水彩、马克笔等材料表现柔和、透明的质感，不宜用厚重的颜料和色调（图 3-24）。

◀图 3-24　薄纱类面料的表现步骤

步骤 1：用铅笔画出人体和服装的款式。

步骤 2：先画出人体皮肤的颜色，包括被服装遮挡部分的皮肤颜色。

步骤 3：顺着服装结构和衣褶薄薄地涂上颜色。

步骤 4：继续用不同明度的颜色反复叠加表现出多层次的透明感。要注意描绘纱的褶皱和图案在皮肤上的投影，不要将皮肤的颜色完全遮盖住才能更好地表现纱的透明质感。

步骤 5：勾画出轮廓和细节。

1 2 3
4 6 7
5

（二）丝绸类

丝绸类的面料质感顺滑，悬垂性好，光泽度强，多用于礼服和春夏季服装，在表现时应强调服装的明暗对比，高光处可以留白处理（图 3-25）。

◀图 3-25　丝绸类面料的表现步骤

步骤 1：根据人体和服装的款式用铅笔起稿，并淡淡的勾画出衣褶的走向和位置。

步骤 2：顺着衣褶的方向画出面料的固有色，注意留出衣服上的高光空白。

步骤 3：用同色系较深明度的笔加重暗面，画出阴影和明暗交界线，要注意的是笔触不同的方向变化。

步骤 4：顺滑流畅的勾线。

<table>
<tr><td>1</td><td rowspan="3">4</td></tr>
<tr><td>2</td></tr>
<tr><td>3</td></tr>
</table>

（三）牛仔类

牛仔类面料也叫作裂帛，多为靛蓝色粗厚斜纹棉布。质地紧密厚实，经过水洗、石磨、套色、漂白等工艺增加了牛仔类面料的色泽、色光变化。牛仔类面料可以用深色的水彩或者水粉配合彩色铅笔表现（图 3–26）。

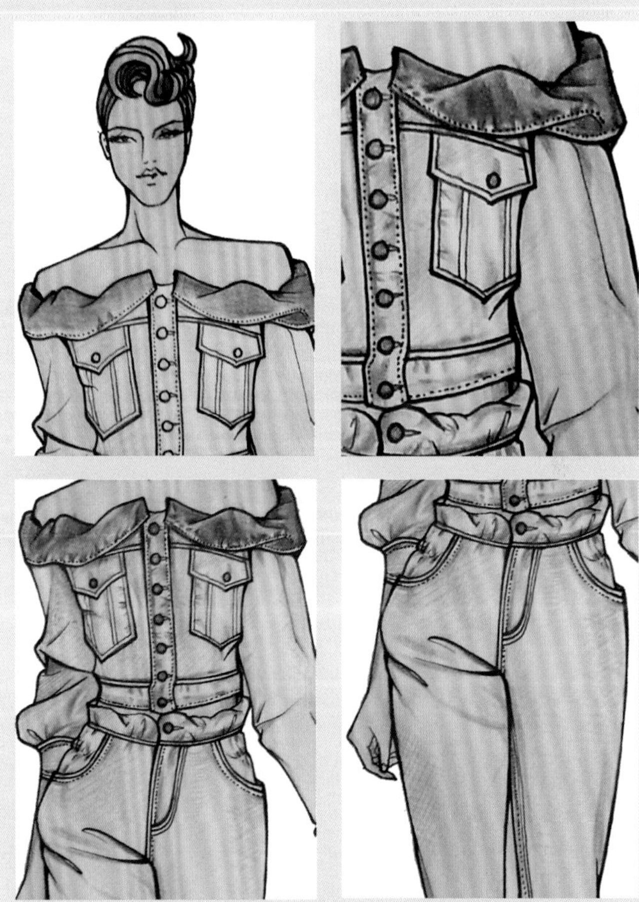

▲图 3–26 牛仔类面料的表现步骤

步骤 1：铅笔起稿，画出人体和衣服的款式及衣纹与衣褶变化。

步骤 2：平涂牛仔布底色，颜料微妙的水色变化表现出牛仔水印色泽的变化。

步骤 3：用蓝黑色加深褶皱和阴影。

步骤 4：用彩铅表现牛仔类面料的斜纹质感和缉明线工艺。

步骤 5：勾线，注意用笔力度，表现牛仔类面料的厚重挺括。

5	1	2
	3	4

（四）粗纺花呢类

粗纺花呢类面料质感厚实、肌理粗糙，常用来制作秋冬季的大衣。我们可以用色彩厚画法，用水粉等厚重的颜料来表现（图 3–27）。

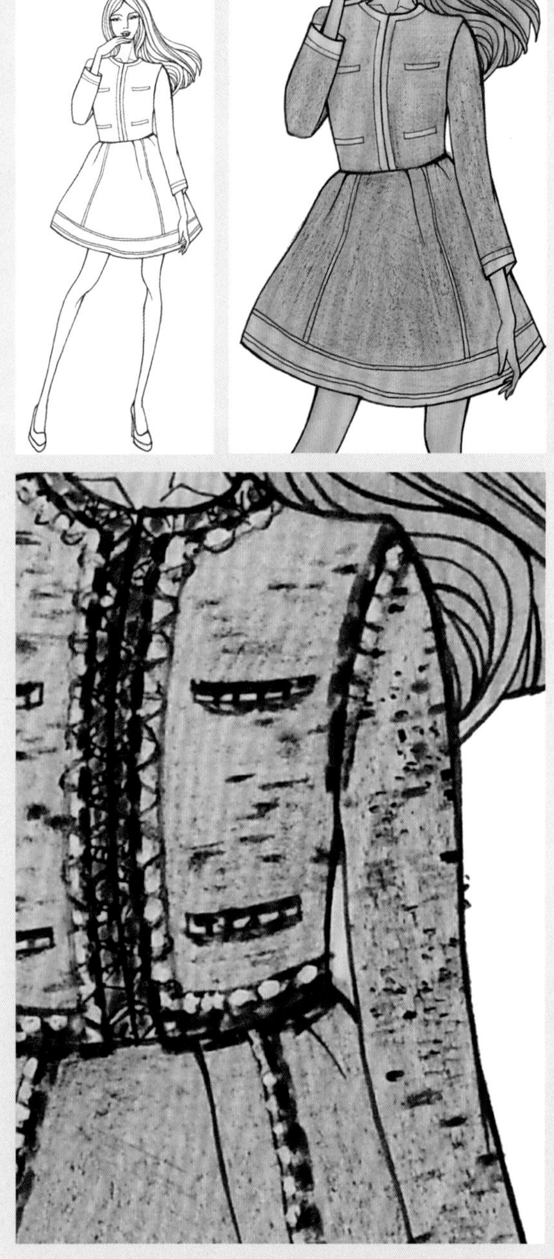

▲ 图 3–27　粗纺花呢类面料的表现步骤

1	2	4	5
3			

步骤 1：铅笔起稿，画出人体和服装的款式结构及褶皱。

步骤 2：平涂粗纺花呢底色。

步骤 3：用深色画出明暗关系、阴影和褶皱。

步骤 4：用海面、彩铅、油画棒等材料表现毛呢的肌理和花纹。

步骤 5：用较干的毛笔勾线，表现毛呢的厚实和粗糙的特点。

（五）皮革类

服装中常用的皮革有猪皮、羊皮、牛皮等，表面光滑、细腻柔软且富有弹性。不同的皮革有不同的视觉效果，但共同特征都是接缝明显，褶皱干脆利落，阴影感强烈（图 3–28）。

1 | 2 | 3

步骤 1：起稿，画出人物动态及服装款式。

步骤 2：用深色画出暗部，留出高光，边界模糊，再进一步用固有色渲染，整理出褶皱的走向。

步骤 3：画出环境色反光并添加细节。光亮度较高的皮质可以直接留白高光，光亮度低的磨砂皮可平涂底色，再加深阴影，提出高光。

▲图 3–28 皮革类面料的表现步骤

（六）针织类

针织物是由相互穿套的纱线线圈构成的，特点是伸缩性强，质地柔软，吸水及透气性能好，具有一般织物没有的立体感。在绘画时需注意，针织物明显区别于机织物，其纹路组织更为明显。针织特有的针法变化丰富，如拧麻花、罗纹、八字、勾花等，可以在织纹和图案上下功夫，使其产生立体效果。绘画针织物时可使用色彩薄画法（图 3-29）。

◀图 3-29 针织类面料的表现步骤

步骤 1：起稿，用固有色淡彩渲染铺出底色，用铅笔勾勒出每一段织物的位置。

步骤 2：沿花纹边缘晕出阴影部分，画出明暗关系，强调织物的凹凸感。

步骤 3：用细笔勾勒出花纹的细节肌理。

1	2	3
4	5	

（七）皮草类

服装用的动物皮草常见的有狐狸毛、兔毛、水貂毛、獭毛等，不同的皮草外观差异很大，根据针毛和绒毛的长短可以大致分为长毛和中短毛。描绘皮草类服装效果图关键是描绘出毛的质感，应着重刻画皮毛的边缘轮廓，根据皮毛的结构走向体现方向感和厚度，可以在暗部与亮部之间着重刻画毛的质感（图 3-30）。

▲图 3-30　皮草类面料的表现步骤

步骤 1：铅笔起稿，用接近毛色的水彩打底，不同种类的皮草要注意把握晕染的范围。

步骤 2：待底色干了之后，根据服装的结构和皮毛的走向用彩铅补阴影，丰富画面的层次感。

步骤 3：用深浅各异的颜色深入描画以突出柔软的质感和反光。

步骤 4：细微刻画出针毛。

1 2

3

4

5

·lei

第三节 工艺细节的表现技法

一、打褶工艺

打褶工艺或者褶皱面料最大的特点在于凹凸的纹路，打褶工艺的手法种类很多，同种工艺应用在不同面料上会产生不同特点，材质不同，褶皱也就不一样。绘画的关键在于明暗关系以及颜色的差别，如丝绸明暗差别大，亮的地方可以留白，而棉、麻等明暗差别相对较弱，亮的地方仍然有本色（图 3–31 ~图 3–33）。

▲图 3–31 学生作业 作者：郗莹

▲图 3–32 不同类型打褶工艺的表现

▲图3-33 打褶工艺的表现步骤

二、蕾丝工艺

蕾丝有网眼组织，透雕精细，最早是用钩针手工编织，当今随着“透明装”和“透视装”的流行，蕾丝被广泛应用。在绘画的时候，要先考虑服装的整体效果，在整体表现大致完成后再在相应的位置点缀和表现出蕾丝刺绣的工艺，如果有镂空，还需注意预留出皮肤的颜色，用明暗关系表现蕾丝凹凸的质感及投影（图 3–34 ~ 图 3–36）。

▲图 3–35　不同类型蕾丝工艺的表现

▲图 3–34　学生作业　作者：郴莹

▲图 3-36　蕾丝工艺的表现步骤

三、刺绣工艺

刺绣是针线在织物上绣制的各种装饰图案的总称，刺绣工艺用针将丝线或其他纤维、纱线以一定图案和色彩在绣料上穿刺，以缝迹构成花纹。绘制刺绣工艺时，要着力刻画绣线的痕迹，使刺绣的肌理感更加突出，可以先平铺底色，用铅笔绘制出纹样，再沿纹样边缘涂深色画出花纹暗部，体现其立体感，最后用白粉撇丝描绘出纹样的亮部（图 3–37、图 3–38）。

▲ 图 3–37　不同类型刺绣工艺的表现

▲图3-38　刺绣工艺的表现步骤

四、填充绗缝工艺

绗缝指用长针缝制有夹层的纺织物，使里面的填充物固定，原本多用于床品套件的制作，现在被广泛应用于服装。绗缝工艺经过不断研究创新，与不同面料结合展现出变化多样丰富的状态。绘画时，要注意根据填充物的多少用明暗变化画出不同程度的凹凸状态，用硬笔表现绗缝的线迹（图 3–39）。

▲图 3–39　填充绗缝工艺的表现步骤

五、钉珠工艺

钉珠是指人工或者机器把珠子、珠片钉在服装、鞋、包等服饰品上的工艺。钉珠的材质通常有塑料、玻璃、金属、水晶等，奢华的服装上也会用高档的珍珠、黄金钉珠来体现服装的尊贵（图 3–40）。

▲ 图 3–40　钉珠工艺的表现步骤

六、拼接工艺

拼接工艺就是对服装材料和结构的拼合搭配，使服装呈现多样性、复杂性，增加服装的艺术感、层次感，在绘制时，要注意拼接面料不同材质的质感表现和结构层次（图3–41、图3–42）。

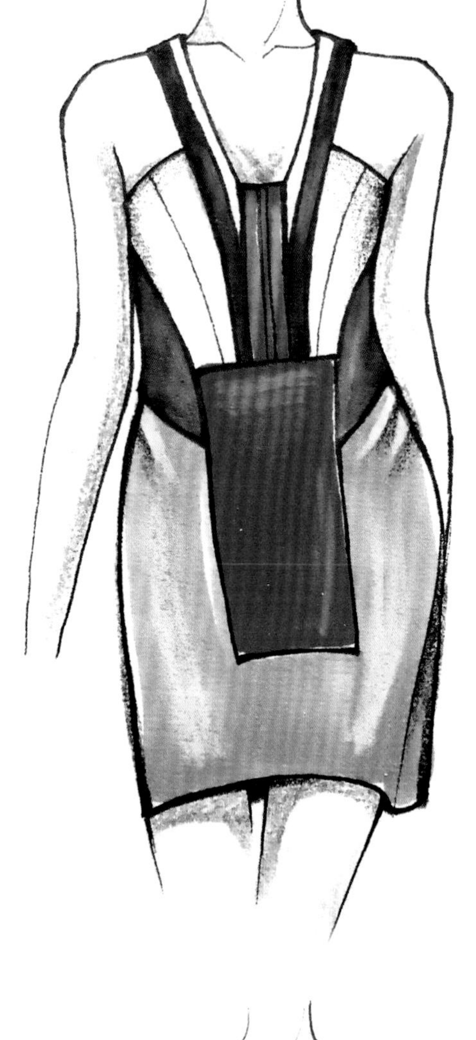

▲图3–41 时装画 作者：百索 & 布朗寇（Basso & Brooke）

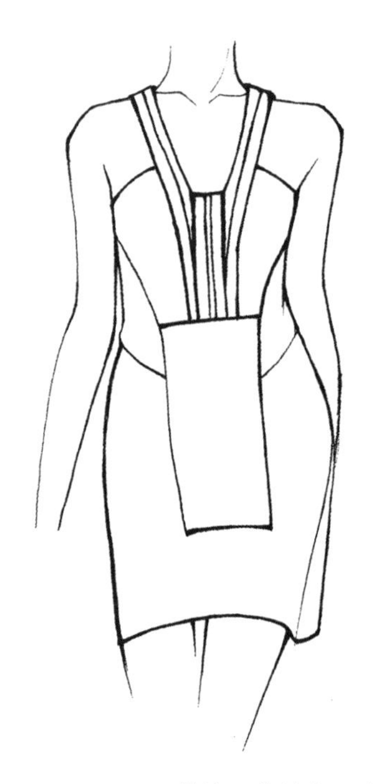

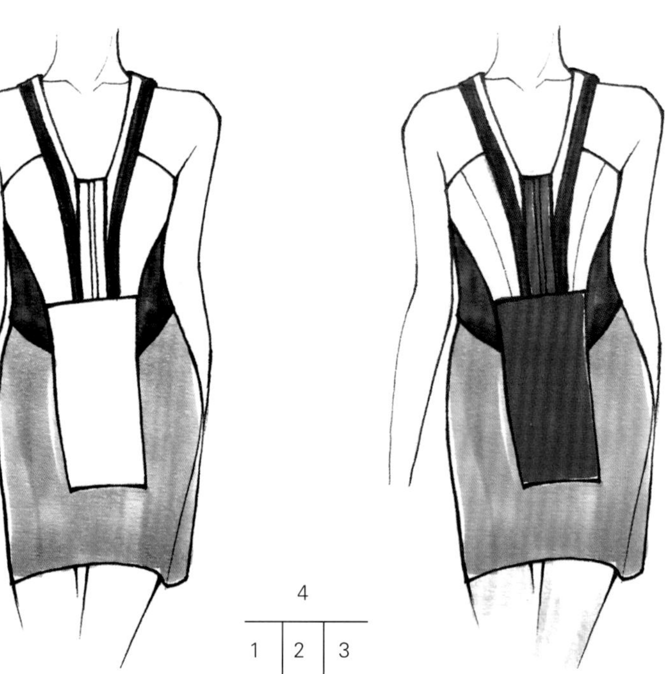

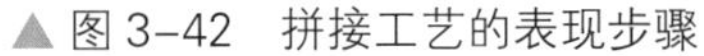

▲图3–42 拼接工艺的表现步骤

七、镶嵌工艺

镶嵌工艺一直与服装潮流密切联系，镶嵌珠宝、亮片可使服装呈现出珠光灿烂、绚丽多彩的视觉效果，立体感强，层次分明，在服装中起到了加强装饰的作用（图 3-43、图 3-44）。

▲ 图 3-43 学生作业 作者：夏丽梅

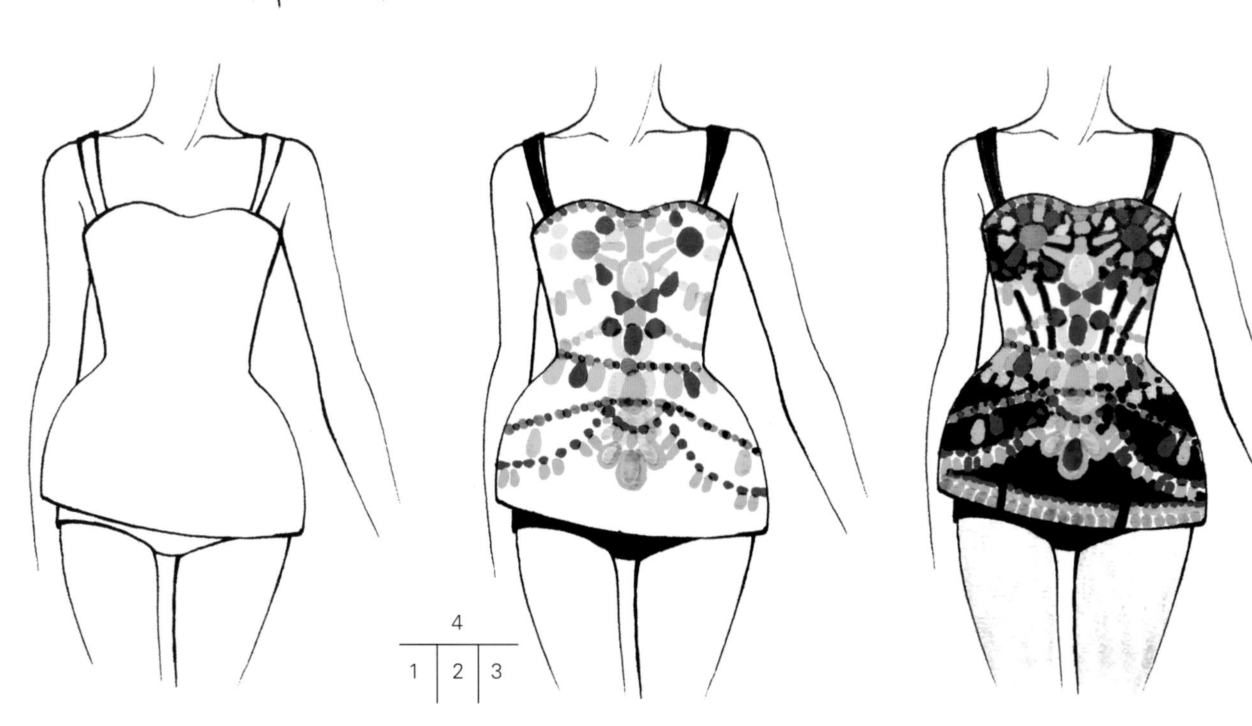

▲ 图 3-44 镶嵌工艺的表现步骤

第四节　服装配饰的表现技法

服饰配件的表现在时装画的创作中必不可少，它既是服装不可或缺的配搭细节，又可以独立表现。服饰配件与服装相互配合营造出强烈的时尚氛围，起到画龙点睛的作用。常用服饰配件包括鞋、帽、包、眼镜、首饰、腰带、丝巾等。

一、鞋

鞋子的绘制首先要确定鞋楦的透视，再根据脚的形状画出鞋的造型，最后是鞋子材质和装饰配件的绘画（图 3-45 ~ 图 3-47）。

▲ 图 3-45　高跟鞋的表现步骤

步骤 1：确定鞋底中心线和透视关系，快速绘制鞋子的大致造型和脚背的轮廓线，鞋面和鞋带要符合脚的动态。

步骤 2：确定鞋子的造型和细节，勾线。

步骤 3：根据鞋子的固有色快速平铺渲染，画出阴影，留出鞋面的高光。

步骤 4：根据鞋子材料的质感，加深暗部，提亮高光，画出鞋面的褶皱。

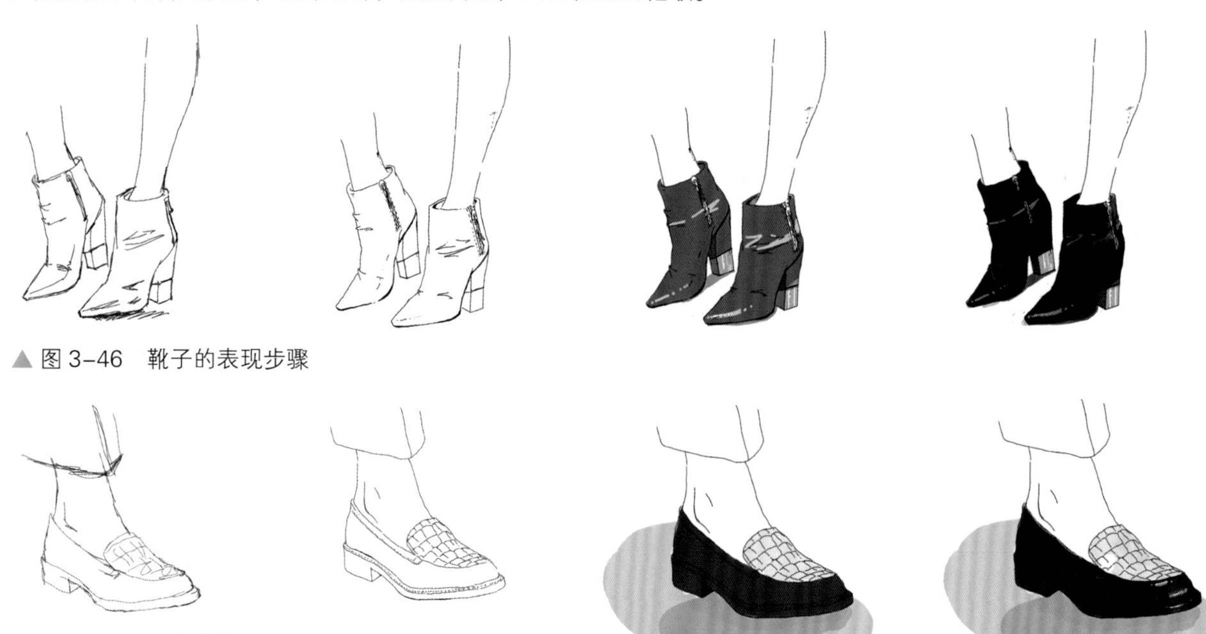

▲ 图 3-46　靴子的表现步骤

▲ 图 3-47　男式皮鞋的表现步骤

二、帽

帽的绘画需要和头部的形状紧密结合，将头部作为一个球体，通过明暗关系表现帽的体积感（图 3–48 ~ 图 3–50）。

▲ 图 3–48　帽一的表现步骤

步骤 1：绘制模特头部，根据头部轮廓略宽松绘制帽子的形状，注意帽檐和头部的遮挡关系。

步骤 2：确定帽的造型和细节，勾线。

步骤 3：根据帽的固有色快速平铺渲染，画出大致明暗关系。

步骤 4：根据帽材料的质感，加深暗部，提亮高光，画出褶皱。

▲ 图 3–49　帽二的表现步骤

▲ 图 3–50　不同款式帽的表现　作者：胡霜叶

三、包

包的造型非常丰富，绘画的重点在于轮廓造型和面料质感的表现，常见的材质有皮革、漆皮、布艺、草编等，常见的造型有软质包和硬质包两种，造型的设计点主要集中在包身上，包的拉链、包带、配饰的表现起到了画龙点睛的作用（图 3-51 ~图 3-53）。

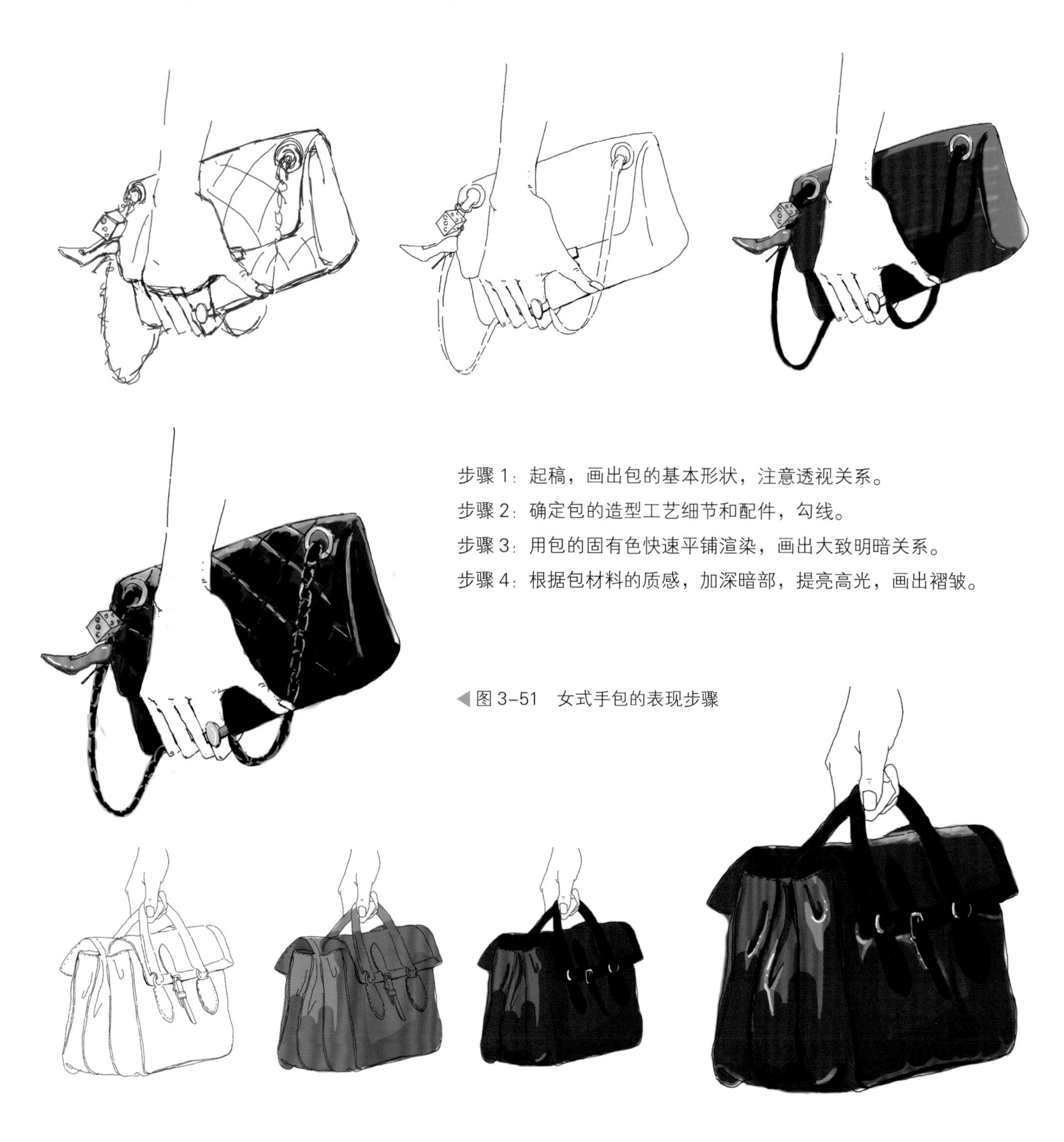

步骤 1：起稿，画出包的基本形状，注意透视关系。
步骤 2：确定包的造型工艺细节和配件，勾线。
步骤 3：用包的固有色快速平铺渲染，画出大致明暗关系。
步骤 4：根据包材料的质感，加深暗部，提亮高光，画出褶皱。

◀图 3-51　女式手包的表现步骤

▲图 3-52　公文包的表现步骤

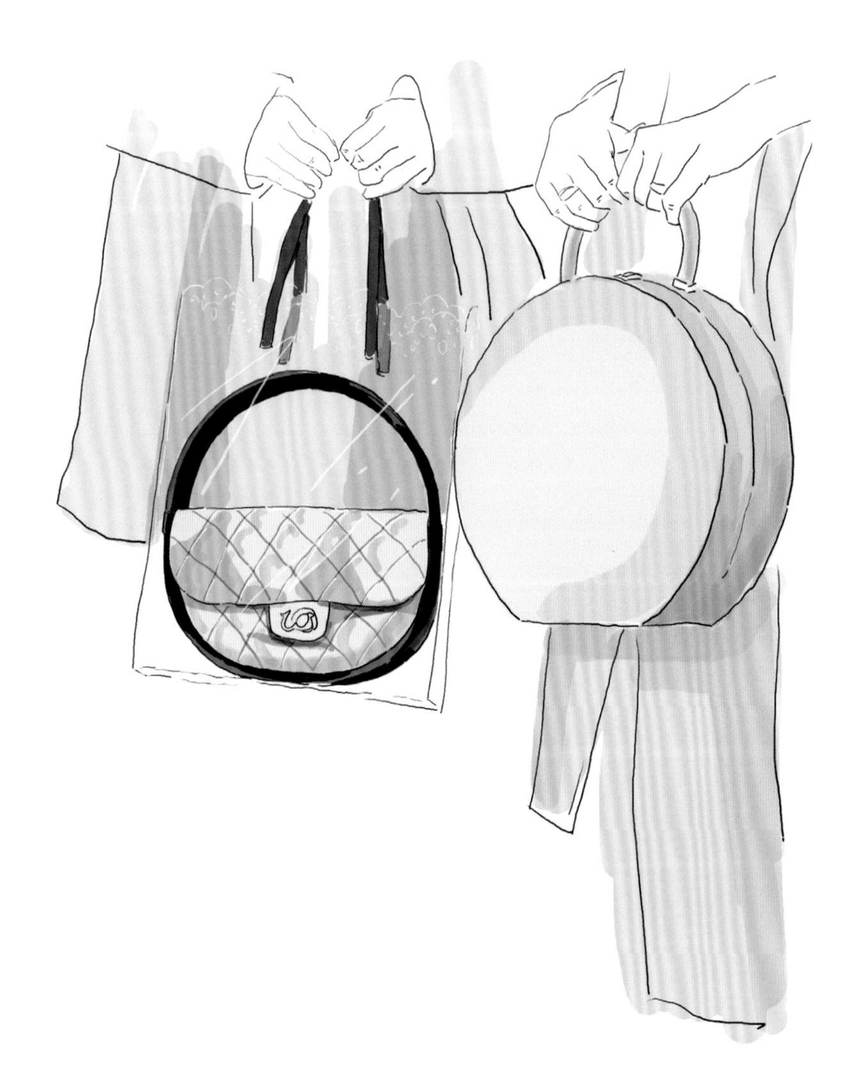

▲图 3-53　不同款式包的表现　作者：胡霜叶

四、珠宝

珠宝配饰是指用各种金属材料或宝玉石材制成的与服装相配套起装饰作用的饰品，表现重点在于各种宝石的琢型特征和金属的花型（图 3-54 ～图 3-57）。

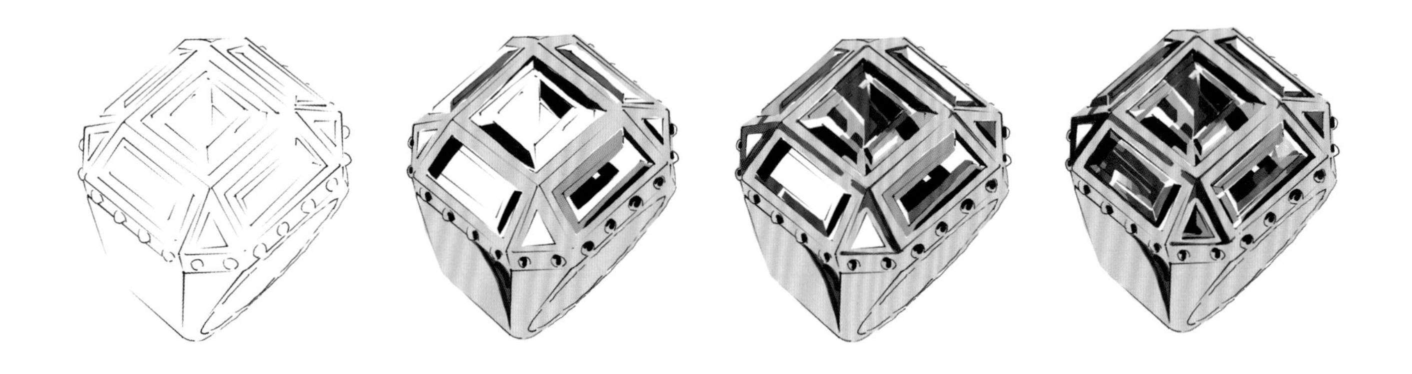

步骤 1：起稿，绘制首饰的外轮廓和宝石的形状，注意宝石切割面的划分。

步骤 2：铺设金属和宝石的固有色，留出反光和高光，画出大致明暗关系。

步骤 3：大胆加深暗部，强调宝石的固有色，提亮高光，细心刻画金属工艺细节。

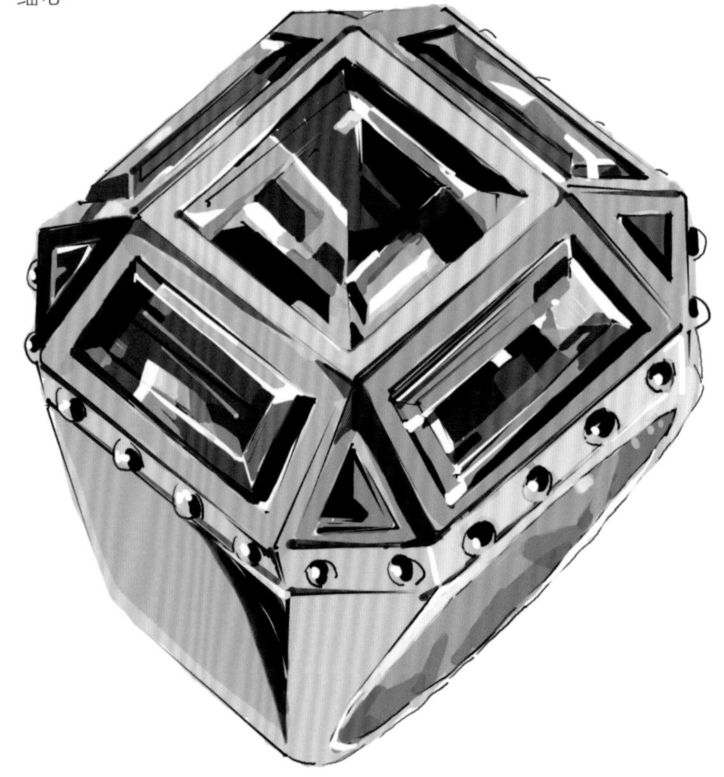

▲ 图 3-54　钻石戒指的表现步骤

▲图 3-55　不同类型配饰的表现　作者：胡霜叶

▲图 3–56　时装画　作者：努诺·达科斯塔（Nuno Dacosta）

▲图 3-57　时装画　作者：侯蕴珊

时装画　作者：萨宾·皮柏（Sabine Pieper）

第4章 时装画不同工具表现技法

课程名称：时装画不同工具表现技法

课题内容：马克笔表现技法

彩色铅笔表现技法

水彩表现技法

色粉笔及油画棒表现技法

课题时间：18课时

教学目的：时装画可以使用的工具非常多，了解不同工具产生的绘画效果可以拓宽绘制者的创作思维，使工具为传达构思服务。本章介绍了几种时装画常用的工具，可以单独使用，也可以两种或者多种工具配合使用。通过学习，找到适合自己的绘画工具和方法。

教学方式：教师讲授示范与学生实践相结合。

教学要求：1. 了解时装画常用工具，包括彩色铅笔、水彩、马克笔、色粉笔等。

2. 了解不同工具产生的绘画效果，尝试使用新工具新技法进行创作。

课前准备：绘画工具及演示效果。

第一节　马克笔表现技法

艺术领域对新形式、新材料的探索直接影响到了时装画的发展，20 世纪 70 年代以来，服装设计师们顺应时代潮流，采用了大量不同的手法来表现时装画。采用不同绘画工具进行新创作往往使画面呈现多元化的形式。本章将向大家介绍几种时装画常用工具，开拓思路，尝试用不同材料、不同手法表达作品，会产生意想不到的效果和趣味。

▲图 4-1　马克笔时装画　作者：侯蕴珊

一、马克笔工具介绍

马克笔在时装画表现中具有独特的魅力，是设计师用得最多的工具之一。它具有表现力强，效果丰富，操作简单的优点。马克笔色彩十分丰富，各种明度、纯度、色相的颜色一应俱全，省去了调色的麻烦，即画即干，附着力强，可以在各种纸上作画（图 4-1 ~ 图 4-6）。

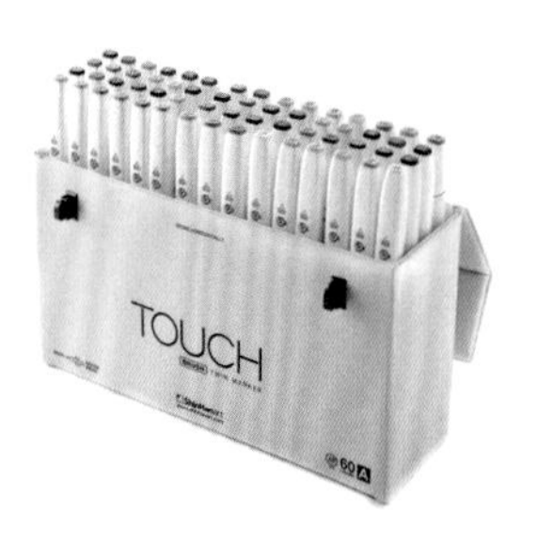

▲图 4-2　油性马克笔

▲图 4-3　水性马克笔

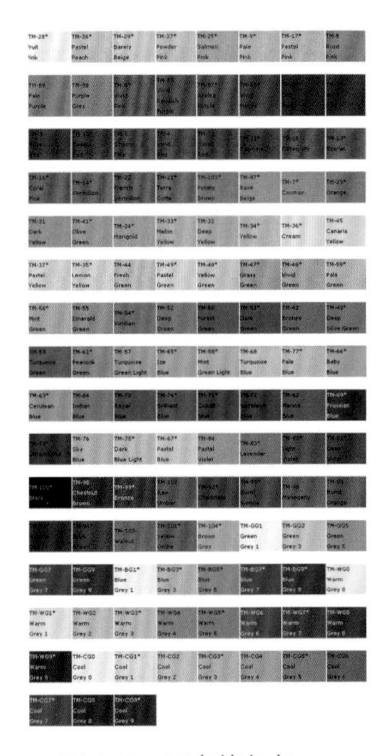

▲图 4-5　马克笔色卡

▲图 4-4　不同笔尖的马克笔效果

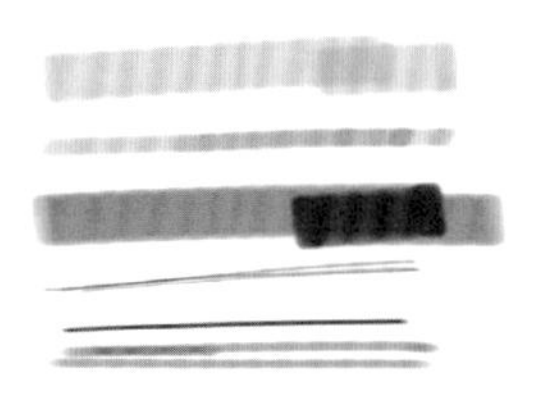

▲图 4-6　马克笔笔触

▲ 图 4-7　马克笔时装画

马克笔根据墨水性质可以分为水性和油性两种。两者的区别在于，水性马克笔笔触清晰，多次覆盖后色彩变浑浊，色彩稳固性较好不易变色；油性马克笔挥发快，干后颜色会变淡，覆盖和过渡自然。其中常用的是油性马克笔，又称酒精马克笔，即油性颜料酒精溶剂马克笔。根据马克笔的笔芯形状可分为圆头型、平口型、刀口型等，可画线亦可画面，便于初学者快速掌握时装画的快速表现技巧（图 4-7、图 4-8）。

▶ 图 4-8　马克笔时装画　作者：孙蕾

二、马克笔时装画绘制案例

马克笔的墨水属于透明性质，绘画时，须将线条流畅利落并排，避免重复，因为线条重叠后会降低色彩的明度，掌握好技巧，重叠得当会表现出体积的明暗，这是马克笔作画的一大优点。作画方法是铅笔淡淡定稿以后，用马克笔沿着轮廓线均匀自由描绘着色，注意用笔的方向和流畅，注意色彩的明度对比及色彩的协调，勾线可以用钢笔、铅笔，也可以用马克笔（图 4-9）。

▲ 图 4-9　马克笔的表现步骤

步骤 1：铅笔起线稿。

步骤 2：画出肤色。

步骤 3：为服装快速布色。

步骤 4：深入细节刻画。

步骤 5：勾线。

1 2 3 4 5

三、学生习作（图 4-10 ～图 4-16）

▲图 4-10 学生习作 作者：夏丽梅

▲图 4-11 学生习作 作者：李绮雪

▲图 4-12 学生习作 作者：侯蕴珊

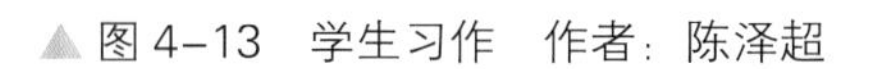

▲图4-13　学生习作　作者：陈泽超

▲图4-14 学生习作 作者：郑越洋子

◀图4-15 学生习作 作者：张妮

▶图4-16 学生习作 作者：孙蕾

第二节　彩色铅笔表现技法

一、彩色铅笔工具介绍

彩色铅笔是一种非常容易掌握的涂色工具，画出来的笔触和涂色效果都类似于铅笔，颜色多种多样，分为不溶性彩色铅笔和水溶性彩色铅笔。以彩色铅笔为作画工具，操作简单，表现真实，有一定素描基本功便可以得心应手。彩色铅笔的色彩多样，可进行细腻柔和的刻画，如果设计师有较强的素描基本功及较好的色彩修养，便能更好地表现出服装的结构、材料的质感。用彩色铅笔写实法表现的时装画，既方便表现有实用功能的服装效果图，又可以深入刻画，表现具欣赏价值的服装艺术画（图4-17～图4-19）。

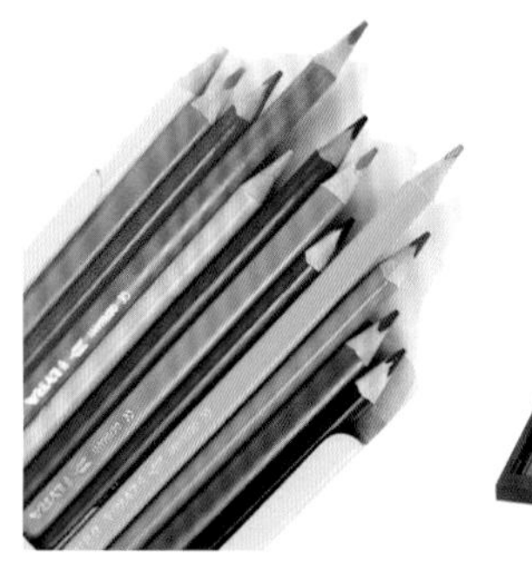

▲图4-17　彩色铅笔

▲图4-18　水溶彩铅的效果

▲图4-19　彩色铅笔时装画　作者：孙蕾

二、彩色铅笔时装画绘制案例（图 4-20）

▲图 4-20 彩色铅笔的表现步骤

步骤 1：铅笔起线稿。
步骤 2：勾线。
步骤 3：画出肤色。
步骤 4：布出大色调及阴影关系。深入细节刻画，画出服装的花纹。

1 2
4
3

三、学生习作（图 4-21 ~ 图 4-26）

▲图 4-21　学生习作　作者：卢溥明

◀图 4-22　学生习作　作者：郏莹

▲图4-23 学生习作 作者：洪菲菲

▲图 4-24　学生习作　作者：侯蕴珊

▲图 4–25 学生习作 作者：李绮雪

▶图 4–26 学生习作 作者：马莉萍

第三节　水彩表现技法

一、水彩工具介绍

水彩是用水进行调和的颜料，按照特性一般分为透明和不透明两种。时装画用透明水彩颜料较多。水彩颜料色粒很细，与水溶解透明、快干、色彩亮丽，色彩重叠时底层的颜色会透过来，画面具有轻松、优雅的感觉。常用的水彩颜料有干水彩颜料片、湿水彩颜料片、管装膏状水彩颜料、瓶装液体水彩颜料。创作水彩时装画作品，用纸不同产生的画面效果也不同，好的水彩画纸纸面白净，质地坚实，吸水性适度，纸纹的粗细可以根据个人喜好和作画习惯进行选择。水彩画笔有平头和圆头两种，一般时装画的绘制准备一支大号的水彩笔涂大色块，两三支中小号的水彩笔画细节即可。水彩颜料是透明的，作画过程需要一气呵成，要保持水彩的轻快、透明、干净、活泼、自如的感觉，最后在必要的地方稍加刻画（图 4-27 ~ 图 4-30）。

▲ 图 4-27　水彩工具盒

▲ 图 4-28　不同笔头的水彩笔

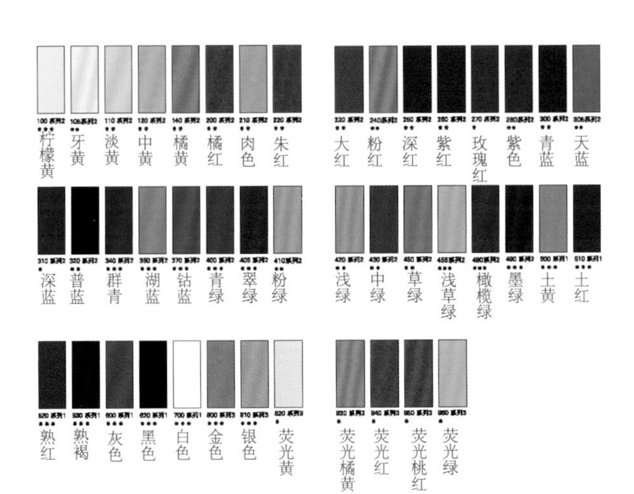

▲ 图 4-29　水彩颜料色卡

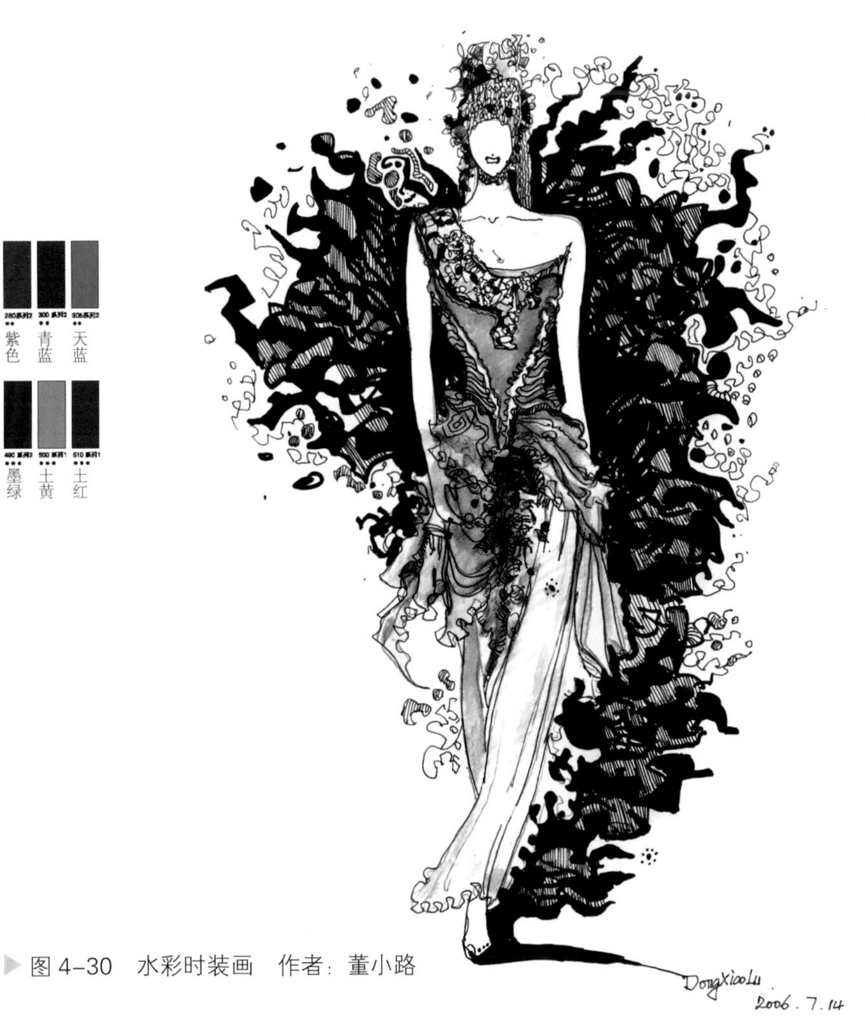

▶ 图 4-30　水彩时装画　作者：董小路

二、水彩时装画绘制案例（图 4–31）

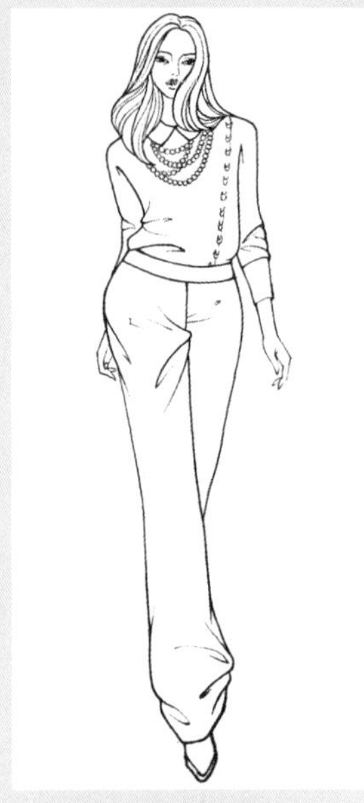

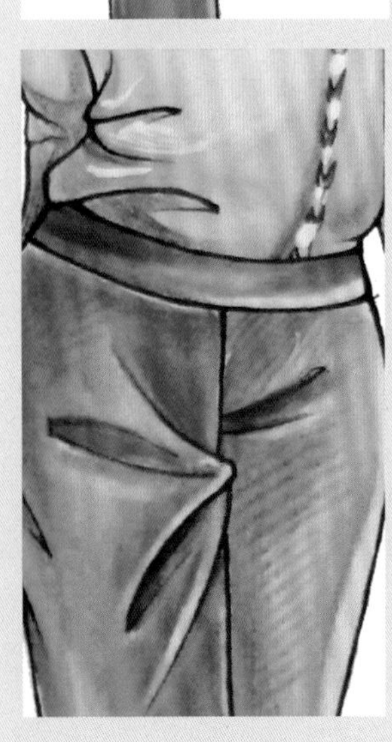

1	4
2	
3	

图 4–31 水彩的表现步骤

步骤 1：铅笔起线稿。

步骤 2：勾线。

步骤 3：画出肤色。

步骤 4：大面积补色，注意笔触形态并观察色彩晕染变化。深入细节刻画。

三、学生习作（图4-32～图4-34）

▲图4-32 学生习作 作者：马莉萍

▲图4-33 学生习作 作者：孙蕾

▲图4-34 学生习作 作者：郭安洋

第四节 色粉笔及油画棒表现技法

一、色粉笔及油画棒工具介绍

色粉画是一种有色彩的绘画，它与水粉画不同，是干的特制的彩色粉笔作画，也称粉画。色粉画画在有颗粒的纸或布上，直接在画面上调配色彩，利用色粉笔的覆盖及笔触的交叉变化而产生丰富的色调。色粉画的历史可以追溯到旧石器时代，当时的人们用石粉研磨成的颜料在洞穴中画他们熟悉的动物、劳作场景等，留下了许多神秘而久远的视觉记忆。色粉笔在塑造和晕染方面有独到之处，色彩变化丰富，最适合表现变化细腻的物体，如人体、头发、质地松软的纱等（图 4-35 ~图 4-37）。

▲ 图 4-35 色粉笔

▲ 图 4-36 色粉时装画
作者：辛迪·怀特（Cindi White）

▲ 图 4-37 色粉时装画 作者：佚名

▲ 图 4-38　油画棒

油画棒由颜料、油、蜡混合制成，是一种油性色彩绘画工具，一般为长 10cm 左右的圆柱形或者棱柱形。油画棒手感细腻，叠色性和铺展性好，颜色鲜艳，纸面附着力强，深受初学者的喜爱。油画棒是固体颜料，携带方便，无需混色或者调色的准备，一旦产生灵感，可以马上开始创作。油画棒的表现技法繁多，可以单独使用直接在纸上绘画，也可以和其他绘画材料混合使用，如酒精、松节油、水彩颜料等。常用的技法有刮除法、厚涂法、遮挡法、铺盖表面法等。同样的油画棒使用不同的技法能创造出完全不同的丰富的画面效果（图 4-38 ~ 图 4-42）。

▲ 图 4-39　油画棒笔触

▲ 图 4-40　油画棒时装画一　佚名

▲ 图 4-41　油画棒时装画二　佚名

▲图 4-42 油画棒时装画三 佚名

二、色粉笔时装画绘制案例（图 4-43）

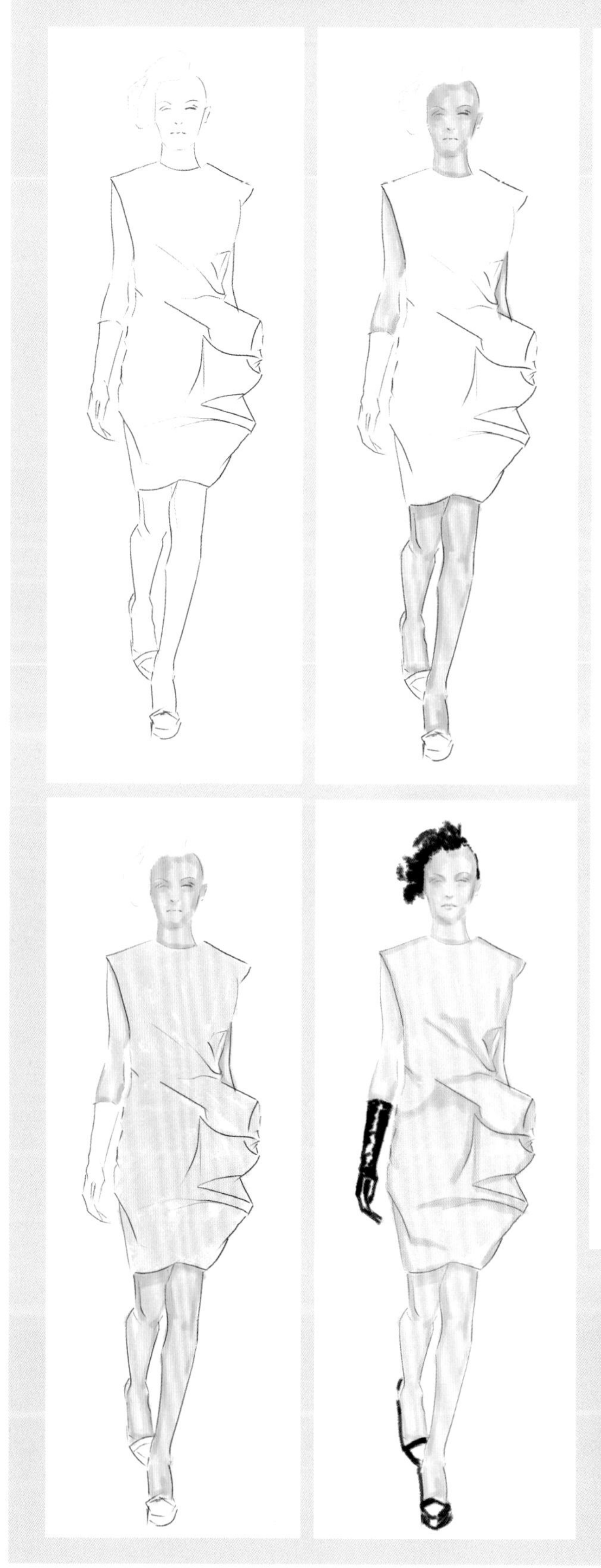

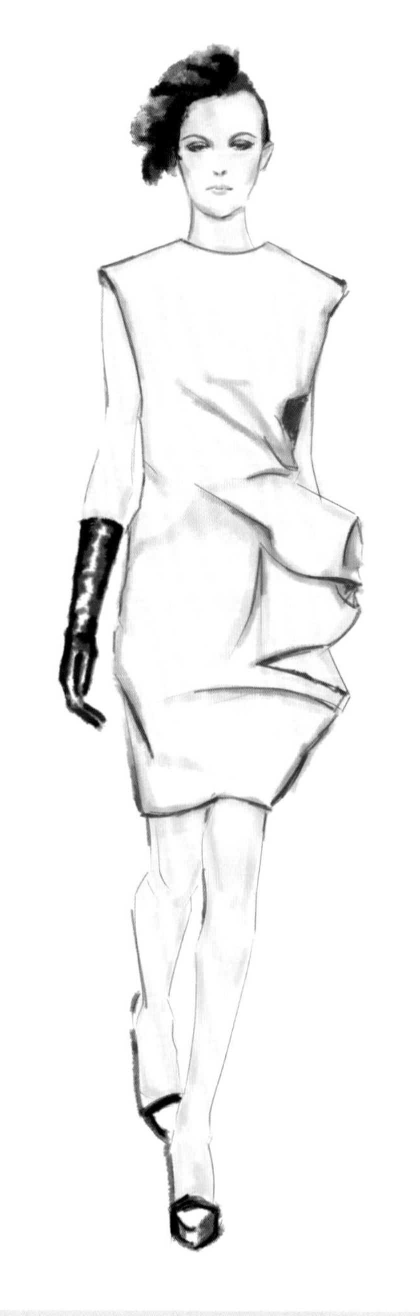

▲图 4-43 色粉笔的表现步骤

1	2	5
3	4	

步骤 1：铅笔起线稿。

步骤 2：勾线。

步骤 3：画出肤色。

步骤 4：大面积补色，注意笔触形态并观察色彩晕染变化。

步骤 5：深入细节刻画。

三、学生习作（图 4-44、图 4-45）

▲图 4-44 学生习作 作者：马克

▲图 4-45 学生习作 作者：郑丽